U0297985

载人航天与太空旅游

李得天　宋智　雷占许　权素君　著

■飞向太空的"航班"　■走进"太空旅馆"　■体验神奇的太空　■出发，去太空

ZAIREN HANGTIAN YU TAIKONG LVYOU

甘肃科学技术出版社

甘肃·兰州

图书在版编目（CIP）数据

载人航天与太空旅游／宋智等著. -- 兰州：甘
肃科学技术出版社，2015.1（2024.6重印）
（科学新生活丛书／范舒　主编）
ISBN 978-7-5424-2110-4

Ⅰ.①载… Ⅱ.①宋… Ⅲ.①载人航天　Ⅳ.①V4

中国版本图书馆 CIP 数据核字(2015)第 009236 号

载人航天与太空旅游

范　舒　主编

责任编辑　刘　钊
封面设计　黄　伟

出　版　甘肃科学技术出版社
社　址　兰州市城关区曹家巷1号　730030
电　话　0931-2131575　（编辑部）　0931-8773237　（发行部）

发　行　甘肃科学技术出版社　　　印　刷　天津市天玺印务有限公司
开　本　700mm×1000mm　1/16　　印　张　11.25　字　数　199千
版　次　2015年5月第1版
印　次　2024年6月第3次印刷
印　数　2001～4500
书　号　ISBN 978-7-5424-2110-4
定　价　59.80元

前　言

　　人类活动疆域经历了从陆地到海洋，从海洋到大气层，再从大气层到外层空间，并不断向外太空拓展的过程。人类活动范围的每一次拓展，都取得了满足人类发展需要的充足资源，极大地提升了人类认识和改造自然的能力，促进了科技和社会的全面进步。由于地球上有限的资源已经越来越无法满足人类的需要，不久的将来，伴随着科技革命的爆发，人类必将走向太空，向太空索取资源。在进一步的开发和利用太空的过程中，载人航天和太空旅游将成为新的热点。

　　青少年是国家的未来，世界终将由他们主导。本书通过讲故事的形式，以图文并茂的方式，介绍了飞向太空的"航班"、太空中的"旅馆"，并带领读者"体验"了进入太空要经历的超重、失重等现象，讲述了太空日常生活的"衣食住行"，从而为以青少年为主的广大读者了解载人航天和太空旅游、开启通往神秘太空的"梦想之旅"，提供了通俗易懂的知识通道。

　　在本书的编写过程中，中国航天科技集团公司五院510所、中国真空学会科学普及和教育委员会、《真空与低温》杂志编辑部给予了大力支持，在此表示感谢。本书部分图片来自美国航空航天局网站，在此一并致谢。

2015年1月16日

目　录

故事 是这样开始的……

"救救我!快救救我!"小明一面拼命大声喊着,一面用手四处抓着,两脚也向四周胡乱蹬着,想找到一个能着力的地方。然而任凭他用尽全身力气,却什么也碰不到。四周一片漆黑,死寂沉沉。自己的身体漂浮在一望无际的太空中,像电影"黑客帝国"里的虚拟网络空间,周围什么都没有,没有生命,没有任何物体,甚至没有一丝光线……

■ 小明的梦境

"起床了。"突然间,妈妈的声音划破宇宙,传到耳边,而刺眼的阳光一瞬间充满整个"太空"——哦不,是整个房间。

原来是妈妈拉开了窗帘。

太阳,温暖的太阳。小明感到十分亲切。

"又做梦了吧?"妈妈笑着。

终于回到地球了,生活真好。小明抬起胳膊,蒙上眼睛,迷迷糊糊地想着刚才的梦。

"是不是妈妈又拯救了你?"讨厌,妈妈总是略带嘲讽的样子。

"嗯……嗯……嗯!"小明的鼻音起初低沉、连绵,忽然变得高亢起来。

今天是周末。他从床上一跃而起,飞快地穿好衣服,冲向厕所,动作快得不可思议。

"慢点。"妈妈担心地说。"这孩子,怎么了?"

小明是个太空迷,爸爸妈妈在研究所工作。他虽然还在上初中,但是成天梦想着哪天能到太空去旅游。这不,爸爸实在没办法,刚找了一个叫多教授的,说是要给他讲关于太空旅游的知识。今天要去多教授那里,小明兴奋极了,搞得晚上老做梦,觉都没睡好。不过小明一点都不在意,能了解太空的知识,这才是他最感兴趣的。

这个"多教授"是个什么样子呢?不会跟妈妈正着迷的韩剧里面的"都教授"一样,是个外星人吧——那个"来自星星的你"。小明不由心里充满期待。

周末的早餐还是挺丰盛的,小明面前放着一杯刚热好的牛奶,妈妈正端上小明最爱吃的煎鸡蛋,爸爸打开冰箱,倒了一杯橙汁递给小明。主食是烤面包片,可以抹蓝莓酱或奶酪,还有中式的豆沙包以及妈妈从超市买来的黄瓜条小菜。

今天早饭真好吃。小明心情格外好。

但他吃得很快,不一会儿就吃完了。爸爸说吃饭的时候要尽量少说话,为此还不让吃饭时问问题。

"这个du……o教授……"小明忽然看到妈妈的眼睛在放光,"长什么样啊?住在哪?……为什么知道那么多太空知识?……你们认识多久了?"小明迫不及待地问道。

"这个吗,一会儿你见到就知道了。"爸爸慢条斯理地说,脸上闪过一丝难以察觉的笑容。

"对了,多教授家就在你学校旁边,一会儿爸爸开车送你到附近,然后你自己进去。"

"记得要有礼貌啊。"妈妈在一旁提醒说。

"嗯。"小明使劲地点头。

……

与多教授的见面是令人愉快的。不过这个教授有点神秘,对,他——居然戴着面具,这是显然的,虽然看上去面具做得很真实。而且教授讲话的声音有一点奇怪,小明说不上来,那是一种经过处理的尖尖的、有点卡通的声音,还有点莫名其妙的熟悉的感觉……不会真的是外星人吧？小明有点好奇。个子和身材，比老师高点，也胖点，跟爸爸差不多。不过教授态度和蔼，非常有耐心，经常启发和鼓励小明，最重要的是知识渊博，尤其是小明感兴趣的太空知识。还有就是，教授家里有好喝的咖啡和好吃的甜点。哈哈，这个真心不错！

　　教授和小明约定了以后每次见面的时间，每周二放学后，还有周六，说是要留中间的时间给小明想问题。

　　为什么不天天去呢？小明心里想。这时他看到了爸爸来接他车……

■　多教授在给小明讲课

第一章

飞向太空的"航班"

一、最"靠谱"的交通工具

叮铃铃……放学铃声响了。今天是周二,下午的时候小明就盼着放学时刻的来临。放学铃声一响,他飞快地抓起书包,迅速奔出校门,跑向不远处多教授的家……

"教授好!"小明抹了一把脸上渗出的汗珠,大声说。

"小明好。哦,这么早啊。"教授看了下墙上的钟,微笑着说。卡通的声音还是让小明有些不习惯。

"今天学什么,教授?"小明急切地问,表现出强烈的求知欲。

"这样吧,你还是先说说看,都知道哪些关于太空的知识吧。"教授沉思了一下,说道。

"这个吗?"小明挠了挠头,好像一下子有点懵了。本来觉得"知道"很多,现在好像又不太清楚了。

"我知道飞机、卫星、火箭、宇宙飞船、空间站……还有外星人、飞碟……还有第一宇宙速度……还有太空中没有空气……宇宙有黑洞……太空中的水珠不会落到地上……"小明想了半天,说出了一串东西。

"知道得不少了,不错啊!不愧是个太空迷呢。"教授鼓励道。

听到教授的鼓励,小明很开心。"不过只是听说过,不太明白怎么回事。"小明有点腼腆,慢吞吞地说。

"已经很不容易了。"教授说,"那我们就从载人航天开始吧。"

"什么是载人航天?"小明问。

"人乘坐专门的交通工具进入太空,并在太空中生活和工作,这就是载人航天。这种专门的交通工具就叫作载人航天器。"

"哦。明白了。那卫星、火箭不属于载人航天吧?"小明若有所思地问。

"对。卫星不是，但火箭不一定。"

"为什么火箭不一定?"小明有点困惑。

"因为人们乘坐的交通工具,通常需要由火箭来发射。"教授答道。

"噢,原来是这样。"小明点点头。

"那都有哪些交通工具能进入太空呢?"小明好奇地问。

"这个我们慢慢说。今天先讨论一下载人飞船。"

知识卡片:太空、航天器和太空旅游

地球大气层以外的宇宙空间称为太空,又叫外层空间。一般认为,地球大气层的边缘距地面约为100千米,这里是外层空间的起点。一些国际组织规定,距离地球大于或等于地–月距离,即约38.4万千米的空间称为深空。有时也把地球静止轨道(距地球约3.58万千米)以下的宇宙空间称为近地空间。

在太空中按照天体力学的规律运行的各类飞行器,称为航天器,又叫空间飞行器。航天器分为载人航天器和无人航天器两种。其中,无人航天器按照是否围绕地球运行还分为(人造地球)卫星和空间探测器。前者包括科学卫星、技术试验卫星和以通信卫星、遥感卫星、导航卫星为主的应用卫星;后者又称深空探测器,包括月球探测器、行星和行星际探测器等。

向太空发射航天器的运载工具,称为运载火箭,卫星又称为运载火箭的有效载荷。运载火箭以火箭发动机为动力,靠喷射推进剂产生的反作用力向前推进。运载火箭一般分为一次性火箭(如"大力神""土星号"和"质子号"等)和可重复使用火箭(如航天飞机)两种。

太空旅游是人类借助载人航天器和运载火箭的帮助,进入到太空,观看和体验前所未有的太空环境和工作生活的活动。太空旅游还可包括以此为中心的地面、空中和海上的相关活动。

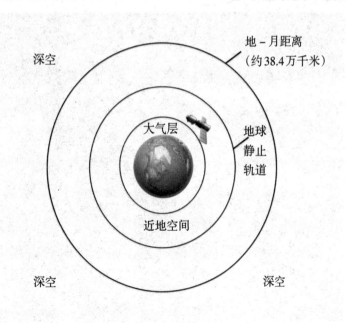

■ 太空与地球示意图

5

"这个我听说过。"小明高兴地说。

"好啊。那么你能说一下载人飞船有什么特点吗?"教授问道。

"这个吗,嗯……"小明低头想了一下,"能坐人,有的能坐好几个人,能在太空中飞,还能回来……"

"很好,你说出了几个比较重要的特点。"教授说。"我帮你总结一下吧。载人飞船是一种用火箭发射进入太空做短期飞行,并在完成任务后返回地球的载人航天器。"

"听明白了吗?"教授问,"你再说说看。"

"嗯,就是要坐火箭……"小明脑子里飞快地思考着教授刚才说的话。"在太空时间不能长,能完成载人任务,能自己返回地球。"

"对。不过还有一点,载人飞船通常只能用一次,回来以后就'报废'了。"

"啊!那太可惜了。"小明惋惜地说。"为什么不能像飞机

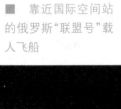

■ 靠近国际空间站的俄罗斯"联盟号"载人飞船

■ "神舟九号"返回舱

那样重复用呢?还有像飞机那样不用坐火箭?"

"这个有点复杂,我们以后再说。"

"好吧。那载人飞船怎么回来呢?"

"载人飞船通常有一个专门的返回舱。"

"返回舱?就是说不是整个飞船都能回来?"小明很惊讶。

"对。返回舱在返回时要先同飞船分离,然后减速,落入大气层,最后通过降落伞和特定的缓冲装置着陆。"

"就像飞行员跳伞一样?"

"是的,只不过要复杂得多。因为从太空落下来的速度太快。"

"那返回舱会烧坏吗?就像陨石那样。"小明睁大了眼睛。

"不会。返回舱的外表是由特别设计的复合防热材料覆盖的,是非常耐高温的,尤其在朝向地球的这一面,能保护里面不被烧坏。这就是返回舱的主要用途。"

"噢,怪不得要专门有一个返回舱呢。"小明似乎明白了。

"那除了返回舱,还有什么舱呢?"

"一般来说,会有轨道舱、返回舱和设备舱。轨道舱是一个密封舱,是航天员工作和生活的地方,里面有食物、水和睡袋、废物收集装置和通信设备等。"

"那设备舱呢?"

"设备舱就是装仪器设备的,前面连着返回舱,后面在发射时连着运载火箭。"

"为什么要这样分呢,放在一起不行吗?"

"这有点像我们家里,有的房间是人工作和生活用的,但为房间提供采暖等服务用的锅炉、空调、管道等,就要放在另外的房间。"

"我明白了,就像汽车分成乘员舱和发动机舱一样。"小明恍然大悟。

"对了,看来小明懂的还很多吗。" 教授表扬道。

小明心里很高兴,不光因为教授表扬了他,还因为他觉得,通过已有的知识来理解和学习新知识,是一个非常好的办法,这让他很兴奋,同时也明白了平时多留意身边的东西,会为学习新知识积累很多技巧。

"那飞船都在太空干些什么呢?"小明的问题很快又来了。

"这个问题很好。"教授肯定地说。

"哦?"小明有点不明白。

"因为这涉及到了为什么要搞载人飞船,或者说为什么要载人。"

"对呀。"小明突然明白了,"那一定是因为没有人不行才对。"

"没错。"教授说。"首先是考察太空环境对人的影响。"

那是非得有人不可。小明想。

"太空有非常独特的环境,比如高真空、微重力、强宇宙辐射等,这些是地球上没有的,也是人类从来没经历过的,所以要进行实验。"

"什么是微重力?"

"这个我们今后再仔细讨论。简单地说就是失去重量。"

"我知道,就是苹果不会落到地上了。"小明大声说。

"非常好。"教授也很高兴。

"那怎么做实验呢?在飞船里面还是外面?"

"一般在里面进行,通过在人身上的各种传感器来获取数据,并连续记录下来。"教授说。"当然一般以微重力实验为主。"

"那一定很不容易吧?"

"是啊,为此还产生了一门叫作航天医学的学科呢。"

"噢。"小明点点头。

"还有就是人在飞船上可以做各种科学实验,比如植物生长、药物合成、材料变化等等。"

小明陷入了沉思中。

"我们过一会儿再说吧,现在是我们的咖啡时间。"

"太好了。"小明最喜欢喝咖啡了,在家爸爸不让他喝。而且教授家不但咖啡好喝,还有好吃的……

布丁真好吃。小明边吃边想。

二、"上升"

"对了,载人飞船有多大?装多少东西?哪些比较有名呢?"喝完咖啡,小明一下子来了精神,想到好几个问题。

"嗯,"教授想了一下,说:"我们一个个说吧。"

"世界上最早的载人飞船叫'东方号',是苏联研制的,一共有6艘。第一艘,也就是'东方1号',是1961年4月12日发射的,航天员叫加加林。"

"这个我听过,是进入太空的第一人吧。"

"是的,"教授说。"'东方号'只能坐1名航天员,分为座舱和服务舱,返回时座舱单独返回,在下降到距地面7000米时,把航天员弹射出去,通过降落伞着陆。"

"就像飞行员跳伞一样?"

"对。"教授接着说。"'东方号'重4.7吨,座舱像一个球,直径大约2.3米。"

嗯,比爸爸的车大,也更重。小明想。

"接下来苏联在'东方号'的基础上又设计了'上升号'飞船,这回可以坐三个人了。"

"那一定大了不少吧?"

"飞船尺寸上与'东方号'差不多,大约6米长,重5.5吨吧。"教授说。

A 尤里·加加林
B "东方1号"飞船

"好像重了一些,那为什么能多坐两个人呢?"小明不解地问。

"因为把占据空间较大的弹射座椅拆掉了,加装了两个普通座椅。"

"那航天员返回时怎么办?不用弹射座椅?"

"对,航天员坐在返回舱里面着陆,所以又增加了着陆缓冲用的制动火箭。不过在大气层里的减速主要还是由飞船上的降落伞完成的。"

小明点了点头。

"后来证明这种返回方式更科学,完全可靠,对航天员的保护也更多一些。"教授继续说。

"不过'上升号'只发射了2艘。"

"哦,那有什么意义呢?"

"'上升号'的最大意义是乘坐的人多了,从一人变成了三人,同时因为飞船密封性能的提高,在飞船里不用穿航天服了。"

"还有一个更重要的就是进行了人类首次太空行走。"教授补充道。

"太空行走!"小明的眼睛和嘴巴一下子都张得很大。

"对。航天员的名字叫列昂诺夫,是从1965年3月18日发射的'上升2号''走'出来的。"

"走了多长时间?穿了航天服吧?"小明不停地问。

"10分钟。不但穿了航天服,还系了一根'绳子'。"

"系了'绳子'?干什么用的?"小明十分好奇。

"为了安全,以免航天员从飞船边上飘走回不来了。"

"噢,对呀。"小明想,是该这样,不然就永远回不来了。"真了不起。"

"这可不是一根普通的绳子哦。里面是可以进行数据传输的,会把航天员进行太空行走时的生理感觉、生物功能数据传回飞船,并及时发回地球。"

"噢,明白了,这也是太空科学实验的一部分。"小明若有所思。

"那航天员就这么直接走出去吗?"小明突然想到一个问题。

"嗯,这个问题很关键。"教授点点头。

小明还有点不明白,不过他直觉上感觉好像这样不行。

"因为在飞船中是有空气的,而太空中是没有空气的。"教授解释道。"所以人要想到太空中去,飞船上必须有一个新的结构,这就是气闸舱。"

"那是什么?"小明十分好奇。

"就是一个气压可变的过渡舱。人先从座舱到气闸舱中,关闭中间的通道,气闸舱的大气压从与座舱一致逐步下降到与太空一样,就是接近真空,再打开气闸舱,人走出去。这样就没问题了。"

"噢,是这样啊。"小明恍然大悟。

"那人在太空怎么呼吸呢?"小明焦急地问道。

"航天服里面是有一定量的空气的,这个我们以后会讨论。"教授说。"回来时大致也是这样,只是过程相反。"

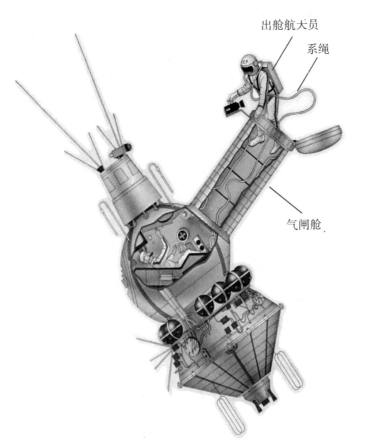

出舱航天员

系绳

气闸舱

■ "上升2号"飞船
航天员出舱示意图

知识卡片：太空行走

航天员离开载人航天器，进入太空的活动称为太空行走，又叫出舱活动(EVA)。航天员离开或返回载人航天器，需要通过气闸舱进行。

太空行走有两种方式：一种是航天员的航天服通过脐带式生命保障系统与载人航天器连接，所需要的氧气、压力、冷却工质、电源和通信等通过脐带输送给航天员。由于脐带不能过长，所以航天员只能在航天器附近活动。另一种是航天员出舱后与载人航天器分离，借助便携式环控生保装置及太空机动装置

(MMU)，独立开展出舱活动。这种方式，航天员可到离载人航天器较远处活动。

太空行走过程中，航天员必须穿着低压航天服(低于1个大气压)，为预防减压病，活动前必须通过吸入纯氧，将体内氮气排出。

通过太空行走，航天员可以在太空组装、维修航天器。例如，美国人曾通过太空行走修复了天空实验室和哈勃太空望远镜等，并组建国际空间站，还实现了月面行走，为人类进入外层空间和其他星球打下了良好的基础。

"我知道了。先是航天员走进气闸舱,关闭气闸舱后,把气压升高到与座舱一致,再打开气闸舱,走进座舱。"

"理解得很好。"教授夸奖道。

小明很高兴,有一种掌握了新知识或者解决了新问题的成就感。

"对了,列昂诺夫一共在太空待了多久?"

"20分钟。"

"为什么不多待会儿?"

"因为这是人类第一次太空行走,主要的意义在于突破,太空环境我们了解得还不多,所以不能太冒险。"教授解释说。

"不过回来的时候遇到了点麻烦。"

"怎么了?"小明又紧张又好奇。

"列昂诺夫的航天服变大了,卡在了舱门口,努力了8分钟才进来。"教授说。"所以在外面'实验'的时间实际是12分钟。"

"为什么会这样呢?"

"因为航天服里面是有空气的,而外面是真空环境,没有空气,所以内外的气压差较大,就把航天服给撑起来了。"

"是不是像气球那样?"小明乐了。

"是的,有点像。"教授也笑了。

"气球能鼓起来就是因为气球内部由于充气,气压大于外面正常的大气压。航天服与这个情况相似。"

"这一点在设计航天服时一开始没有充分考虑。"教授停了一会儿,说道。

"好危险哪,怪不得不能待得更久一点呢。"

"是的。不过后来就改进了。"

"太好了。"

"不用担心,将来你到太空旅游时就不会遇到这个问题了。"教授拍了拍小明的肩膀,笑着说。

小明很高兴,不过心里也对那些研制载人飞船的叔叔阿姨和航天员们感到由衷的敬佩。

不过听到教授后面的话,小明刚刚平静下来的心又霎时紧张了起来。

"返回的时候,飞船又遇到了点麻烦。"教授说。"飞船的自动定向系统突然发生了故障,飞船失去了姿态。"

"失去姿态?"

"就是无法保持一定的姿势,比如像人站在这里,头上脚下,向前走的时候眼睛朝前看的状态。"

"噢,那会是什么样子?"小明脑袋里想象着飞船失去姿态的样子。

"飞船失去了方向,不知道该飞往哪里。"教授解释道。"就像是汽车的导航系统突然失灵了。"

"那怎么办呢?"小明焦急地问道。

"这个问题飞船的设计者早就想到了,所以飞船上还有一套手动操作系统。"

"真了不起。"

"不过手动操作定向系统的精度不如自动系统准确。"

"那后来呢?"

"后来飞船降落到冰雪覆盖的大森林里。"

"啊!"小明张大了嘴巴,脸上显出

十分担心的表情。

"因为比预定着陆地点偏离了800千米,所以找了好久才找到。"

小明舒了一口气。

"科学就是这样的,在探索中会不断遇到问题,通过不断改进来解决问题,反复尝试,反复改进,最后掌握规律,然后就可以为人类服务了。"

小明不停地点着头,对科学探索的艰巨性的认识又深入了一些……

三、"联盟"家族

"教授,苏联后来为什么不多发射几次'上升号'呢?"

"因为苏联又有了更好的载人飞船。"教授停顿了一下,继续说:"这个也是我们重点要讨论的——'联盟号'载人飞船。"

"那一定会发射得比较多吧?"

"哦,这可是一个大家族。"教授说。"'联盟号'有很多种型号,比较著名的有'联盟''联盟T'和'联盟TM'。"

"什么是型号?"

"这个就像汽车的车型一样,同一种型号有一个共同的基本平台,然后根据需要设计出多种不同的样子和配置,比如三厢车、掀背两厢车、SUV运动型多功能车、MPV多用途车、旅行轿车等等。"

小明点点头。通过汽车来进行类比讲解,他懂得比较快,看来多学东西就是好处多。小明心里暗暗地想。

"'联盟'飞船是新一代载人飞船,在外形结构上最大的不同是采用了三舱结构,而之前的'东方号'和'上升号'都是两个舱。"教授说。"我想通过前面的讨论,小明应该能懂的。"

"我知道,就是'东方号'和'上升号'的轨道舱和返回舱'合二为一'了。"小明兴奋地回答。

"说得不错。不过顺序上是先设计的两舱结构,后来再把轨道舱和返回舱分开设计了。"教授纠正道。

"为什么这样设计呢?"

"因为要做更多的事情呀。"教授说。

"完成了最初的实验,证明了载人飞船能正常发射、运行和安全返回,人在太空具备生存和工作能力以后,就可以执行更多的任务了。你说是不是呢?"教授启发道。

"噢!"小明恍然大悟,"那就需要更大更先进的载人飞船了。"

"对。所以新设计的'联盟号'长9米,最大直径达2.7米,活动空间达到了9立方米,重量也增加到6.6吨,能坐三个人。"

"确实大了不少。"小明点头说。

"这样航天员在飞船上能活动的空间就更大了,工作生活也会更舒适一些。"

对呀,以前都是待在一个很小的空间里,还要穿着航天服,一定很难受,幸亏时间不太长,小明想。

"那在发射时，航天员待在哪个舱里呢？"小明突然想到。

"返回舱。这里更安全。"

小明似懂非懂地点了点头。

"不过'联盟号'的开局非常不顺利。"教授脸上的表情突然严肃起来。小明似乎感到他即将听到的是一件可怕的事情。

"'联盟1号'飞船在成功发射并顺利完成任务后，返回时降落伞系统出现了故障，导致飞船发生了船毁人亡的重大事故。"教授的语气十分沉重。

"降落伞没……没打开？"

"是的，飞船是以644千米每小时的速度直接撞到地面。"

天哪！644千米每小时，高速公路上车速"最高才120千米每小时，那可比汽车高速行驶时发生的交通事故严重多了。"小明睁大了眼睛，想象着事故状况的惨烈。

"航天员的名字叫弗拉基米尔·科马罗夫，他的技术非常好，这是他第二次进入太空。没想到是一个悲剧。"教授幽幽地说。

空气仿佛凝重起来，谁都没有说话。

"这一事故直接使苏联的载人航天活动中断了18个月。"教授的眼睛望着远方，吐出了一句话。

探索太空的代价真是太大了，小明想，真是太不容易了。

"所以我们才要珍惜今天得来不易的成果，也要珍惜今天的幸福生活。"教授坚定地说。

小明缓慢而郑重地点了点头，他感觉心里沉甸甸的……

"后来的飞船进行了改进，尤其是'联盟'T和TM都采用了全新设计的降落伞系统，更加安全了。"

"太好了。"小明禁不住想起了前面教授说过的话——不断遇到问题，不断改进。

"飞船上的'翅膀'装在哪儿？"

"在设备舱两侧。那不是'翅膀'，是太阳电池板，是给飞船供电用的。"

"那它那么大，发射的时候怎么放进火箭里？"

"发射时，它是折叠起来的，进入太空后再展开，时刻对准太阳。"

"任何时候？"

"对，要时刻保持这样的姿态，让飞船有足够的电力。除非飞船被地球的阴影遮住了，照不到阳光。"教授解释道。"太阳电池板的展开和姿态保持都要采用专门的设计。"

小明忽然领悟到，"姿态"对于太空中的飞行是非常重要的。也对，就像对开车来说，好像方向比速度还重要，不然光开得快，去哪都不知道。小明心里默默地想。"那照不到太阳时怎么办？"

"有阳光时就会储存下来一部分电力，这时就能用得着了。"

"'联盟号'飞船还有一个新的功能，就是它能够实现与其他航天器的对接。"教授话题一转。

"太空对接？"

"是的，在'联盟'飞船的前端，有专

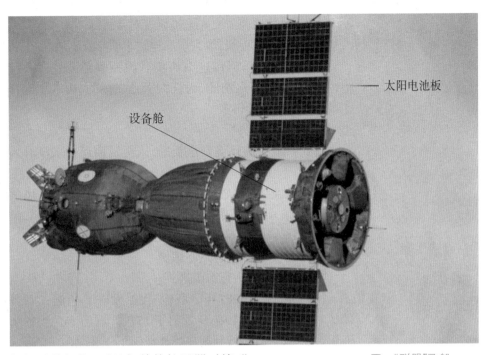

太阳电池板

设备舱

"联盟"飞船

门的对接机构,可以与其他航天器对接。"

"那两个航天器上的人就可以'串门'了?"

"是的。不过最初还不能直接'串门'。"

"什么意思?"

"最初的对接机构对接后不能移动,挡在了那里,所以航天员要先出舱,进入太空,然后再进到另一个航天器中。"

"这样多麻烦啊?"

"是的。第一次对接是1969年1月15日,在'联盟4号'和'联盟5号'之间实现的。"教授继续说。"到'联盟10号'的时候,改进了对接机构,航天员就可以直接'串门'了。"

"'联盟号'都对接了哪些航天器呢?"

"这个就多了,有'联盟号'之间的对接,还有和美国的载人飞船、俄罗斯的空间站、美国的航天飞机以及国际空间站等。"

"'联盟号'还有什么新技术吗?"

"轨道交会,是在'联盟2号'和'联盟3号'之间实现的。"

"那是什么?"

"飞船对接之前需要先慢慢靠近对接目标。"

"就是加速靠近呗,像汽车那样。"小明有点不屑。

"是这个意思,但没这么简单。"教授解释道。"在太空中,物体都是高速运动的,而且太空是立体的,所以靠近其他物体要比地面难得多。"

"原来这么复杂?"

"是的,太空的环境是全新的,人类以前还从来没有遇到过。"

"那'联盟'飞船之后呢?又有了什么飞船?"小明焦急地问道。

"没有了,'联盟'飞船一直运行到现在。"

"这么多年?"小明有点吃惊。

"是的。不过它一直在改进。"

"从1967年到1981年,'联盟'飞船发射了40艘;'联盟T'从1979年开始到1986年发射了15艘,'联盟TM'从1986年开始发射,一直运行到现在。"教授顿了一下说。

■ "联盟"飞船前面的对接机构

"这么厉害!"小明不禁佩服起来。

"所以说'联盟'飞船是迄今为止最成功、最可靠的载人飞船。"

"这么多次飞行,都做了些什么呢?"

"'联盟号'最初的成果主要是进行各种科学实验,同时试验太空对接等新技术。"

"后来,由于在发射、运行、对接、返回等方面运行稳定,成熟可靠,'联盟号'成为天地往返运输系统的主力。"

"那是什么?"

"就是在地球和太空设施之间往返运输人员、实验设备和货物等的交通设施。"

"我明白了,就像飞机一样,把人和货物从一个地方运送到另一个地方。"

"是的。此外,如果太空中出现了故障,'联盟'飞船还可以紧急发射,开展维修,排除故障,或把航天员接回地球。"

"噢。"小明不断地点头。

"这就是太空航班的雏形。"教授的话让小明的内心激动了起来,久久不能平静……

四、"水星"和"双子星座"

"从今天起,我们会讨论其他国家的载人飞船。"

"嗯。我也好奇,为什么前面一直在讲苏联的飞船?"

"因为苏联在载人航天领域发展得最早,第一艘载人飞船、第一次太空行走、第一次交会对接、第一个空间站,甚至第一名女航天员上天等成果都是苏联实现的。"

"那美国呢?我看到过好像美苏搞过'太空竞赛'的。"

"你说得对,今天的很多太空技术,是美苏'太空竞赛'时发展起来的,那时确实发展得比较快。"

"美国一开始就落后了?"小明很诧异,"不是一直说美国的技术是最先进的吗?"

"只是稍微落后了一点。"教授解释道。

"美国的第一艘载人飞船叫'水星1号',是1961年5月发射的。"

"'水星1号',这个名字真好听,而且只不过晚了1个月嘛。"

"是的。但美国'水星号'飞船的前两次飞行都是亚轨道飞行。"

"亚轨道?"

"对。你不是知道第一宇宙速度吗?"

"我知道,就是达到这个速度就不会落回地球,可以绕着地球'飞'。"

"是的。亚轨道就是没有达到这一速度,但飞行高度最高点又超过了大气层上界的情况。"

"这时候因为无法摆脱地球引力,所以不能环绕地球飞完完整的一圈,只是飞了其中一段,最终会落回地球。"教授继续解释道。"就像发射一发高射炮弹一样,会在落回大气层之前产生短暂的失重感觉。"

小明似乎有点明白了。

"亚轨道又叫弹射轨道,主要用于弹道导弹与太空旅游。记住这个概念,我们后面会用到。"

"太空旅游,那当然得要记住。"小明想。

"所以在一开始美国就被苏联盖过了风头,当时被苏联领导人嘲笑为'跳蚤的一跃'。"

"哈哈,这个真形象!"小明乐得直拍手。"那美国为什么这样做?"

"估计是不太有把握,先试试看,再就是想抢在苏联前面。"教授想了一下,回答说。

"那美国的这次亚轨道飞行的时间是多久呢?"

"15分28秒,但航天员经历的失重只有5分钟,而这次飞行的最大高度也只有186千米。"

好像是少了一点,小明想。

"对了,载人飞船在太空飞行一圈要多长时间?"小明突然想到这个问题。

"嗯,这个跟飞行的轨道有关系。比如第三艘'水星'飞船在260千米高的轨道上飞行,大约一圈不到一个半小时。"

小明点了点头,心想,我上两节课的时间,飞船都绕地球飞了一圈了。

"那'水星号'也是两舱结构吧?"

"差不多吧。只不过'水星号'的两个舱叫座舱和伞舱,相对简单一些,而且外形与苏联的飞船区别较大,更像是单舱结构。"教授拿出了一张图片。"座舱是圆台型的,伞舱是圆柱形的。"

"这个形状挺好玩的。不过飞船上面的那个长长的带喷管的是什么?"

"这个叫逃逸塔。"

"怎么叫这样的名字?是做什么用的呢?"

"在发射时,万一运载火箭出现意外故障,逃逸塔可以紧急点火,把飞船'拽'出来,好让航天员逃生。"

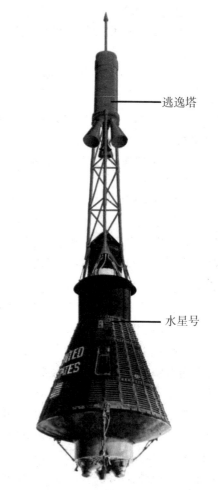

逃逸塔

水星号

■ "水星1号"飞船和逃逸塔

小明点点头。"'水星号'有多大？"

"长2.7米，最大直径1.8米，逃逸塔长5米，重1.3~1.8吨。"

"好像是不太大。看来比苏联的'东方号'要落后。"

"还不能这样说。"教授纠正道。"美国的电子设备技术要先进一些，可以做得更小，所以从外行尺寸上看，这点差别很正常。"

"为什么'水星号'好像是比'东方号'飞船简单呢？比如重量上好像差别也较大。"

"因为'水星号'最初只是做亚轨道'弹跳'，它依靠的动力主要是火箭，分离后就主要按照弹道轨迹来飞行，这样可以省掉动力系统的部分。"

"会差这么多吗？"

"动力系统除了发动机外，还有燃料和氧化剂，所以很重。"

"有燃料不就行了，就像汽车或者飞机，有油就行。"

"哎呀，不对。"小明马上纠正了自己，"太空中没有氧气。"

"对。所以都得带。"教授继续说："'水星号'一共发射了6次，除了前2次外，其余都是完整的太空飞行。"

"就是发射了6艘？"

"对。因为飞船是一次性的。"

小明心里有点不甘心，为什么不能反复用呢？他心里想。不过既然教授说了以后讨论，他就只好再等等了。

"另外，由于美国东西海岸有广阔的海洋资源，所以美国的飞船一般都采用在水面溅落的方式回收。"

"海那么大，怎么找啊？"小明着急地问。

"飞船溅落后会释放染色剂，将海水染色，以便于搜索。"

■ "水星号"飞船在海面溅落回收

飞船释放的染色剂将海水染色

水星号

"对了,'水星1号'是不是也只能坐1个人?"

"是的。"教授肯定地回答。

"后来美国又发展了'双子星座号'载人飞船。"

"'双子星座',嗯,好像美国给飞船起的名字都很好听。"

"是的,比较有想象力。那你知道为什么叫'双子星座'呢?"教授反问道。

"'双子星座'……'双子星座'……"小明口中不停念叨,"噢!我知道了,是不是因为飞船可以坐2个人?"小明闪着大眼睛,兴奋地望着教授。

"对。小明很聪明。"教授肯定地点着头。

"那'双子星座'和'水星号'比有什么变化呢?"得到教授肯定的答案,小明心里乐滋滋的。

"'双子星座'飞船比'水星号'大了许多,长5.6米,最大直径3.1米,重3~4吨,外形上跟'水星号'差不多。"

"这个和苏联的'上升号'差不多了。比'水星号'大,也重了很多。"

"对。美国为此还重新研制了新的'大力神'运载火箭呢。"

小明点了点头。

"咦,好像是在'水星号'后面加了个底座。"看到教授拿出的图片,小明脱口而出。

"是的,所以结构上它比'水星号'多了一个发动机舱。"

突然,小明像发现新大陆一样大声说:"教授,'双子星座'飞船上面的逃逸塔没有了。"

"是的。美国设计师经过了长时间的考察,认为'大力神'火箭发射时爆炸的可能性几乎没有,所以'双子星座'就取消了逃逸塔的设计,而是采用了弹射座椅作为应急逃生的手段。"

小明点点头。"那'双子星座'都能

■ "双子星座"飞船示意图

双子星座可乘坐2名航天员

干什么?能进行太空行走吗?"

"'双子星座'的成果很多,一共发射了12艘。"

"噢,比'上升号'多多了,但是比'联盟号'少很多。"

"'双子星座'不但进行了太空行走,还实现了交会对接。"教授笑了笑,继续说。

怪不得比'上升号'飞得次数要多。小明想。

"该喝咖啡了。"

小明又高兴了起来。

■ "双子星座"航天员进行了美国首次太空行走(1965年)

五、中国人的骄傲

"对了,教授,美国后来还搞了什么飞船?"喝完咖啡,小明迫不及待地问。

"围绕地球飞行的嘛,没有了。"

这个回答让小明有点意外。

"教授,我觉得美国的载人飞船和苏联的设计不太一样,不光是外形,而且好像结构上也不一样。"小明有点困惑。

"您是说……"

"就是苏联的飞船后来越来越大,舱也多了,坐的人也多了,还发射了那么多次。但是美国的就一直没变化了,后来美国干什么去了?苏联的'联盟'飞船都搞了那么多了。真奇怪。"

"你的感觉很准确。"教授用非常肯定的语气说道。"美国在与苏联的竞争中一开始确实落后了,所以美国后来调整了方向,就是瞄准了探索月球。"

"噢。原来是这样。"

"所以,'双子星座'飞船其实是下一步的过渡计划,进行了很多轨道机动的技术试验。"

怪不得呢,小明心里想。

"这个我们以后再说。今天我们来讨论中国自己的载人飞船。"

"太好了。我知道,是'神舟'飞船。"小明的声音中充满骄傲,为自己,更为祖国。

"是的。"教授的情绪似乎也高涨了起来。

"你知道'神舟'飞船有什么特点吗?"

"嗯。'神舟'飞船很先进,实现了太空对接、太空行走,还做了好多实验,还有在太空教学……"小明不停地说。

"是的。因为我们发展载人航天起步的时间比较晚,所

■ 太空中的"神舟9号"飞船

以，我们选择了'高起点，大跨度'的发展道路。"

小明认真地听着。

"'神舟'飞船直接采用了三舱结构，长8.86米，最大直径2.8米，重7.79吨。"

"好厉害，这一下子就超过了'联盟号'。"

"是的。'神舟'飞船首先进行了四次无人飞行。"

"要这么多?"

"主要是为了充分考验飞船的发射、运行和安全返回技术，并考察生命保障系统，后来的'神舟'3号和4号飞船基本上和载人时的状态是差不多的。"

"这个，没有人，怎么考察生命保障系统?"

"飞船上有假人，装有人体代谢模拟装置，以及拟人生理信号设备，能模拟人在太空中的重要生理活动参数。"

"假人?"小明眼睛睁得大大的。

"对，就像汽车碰撞试验中的假人那样。"

"噢。"

"还有，逃逸救生系统也进行了试验。而且假人的各种生理信号和代谢指标都很正常，验证了座舱内环境控制和生命保障系统的功能。"

是应该这样，小明想起了"联盟1号"的悲壮结局。

"'神舟'飞船的第一次载人飞行……"

"我知道，我知道。"教授话音未落，小明就兴奋地说，"是'神舟五号'，航天员是杨利伟叔叔。"

■ 中国航天员杨利伟

"对。'神舟五号'是在2003年10月15日成功发射的，在太空飞行了21个小时。这是我国载人航天技术零的突破，它使中国成为世界上第三个独立掌握载人航天技术的国家，圆了中华民族的'飞天'梦想。"

"'飞天'梦想！"

"对。万户飞天，嫦娥奔月，是中国古代的尝试和民间的传说，万户还被世界公认为尝试'飞天'的第一人。月球上还有以'万户'和'嫦娥'名字命名的撞击坑。"

"真了不起！"

"后来的'神舟六号'直接就上了两名航天员，飞行时间也达到了近五天。"

"我知道，是费俊龙和聂海胜两位叔叔。"

"之后的'神舟七号'上不但有3名航天员，而且进行了太空行走，除了美苏之外，中国是第三个掌握这项技术的。"我知道，那一年是2008年，北京还举办了奥运会。"小明兴奋地说。"我还买了飞行成功的纪念封和邮票呢。"

小明没有说的是，他就是那时开始迷上太空的，那一年

■ "神舟十号"与"天宫1号"成功实施自动交会对接示意图

他还在上小学。

"那后来的情况你都知道了。"教授似乎很了解。"你说说看。"

"嗯，'神舟八号''神舟九号'是2011年和2012年发射的，和'天宫1号'进行了自动和手动的交会对接。"小明如数家珍。

"对了，'天宫1号'也是2011年发射的，'神舟九号'上还有刘洋阿姨，是中国第一个女航天员。"

"然后是2013年6月发射了'神舟十号'，进行了交会对接试验，还由王亚平阿姨进行了第一次太空授课，可有意思了。"

"小明知道得真多呀。"教授高兴地说。"很好，以后我们讨论到太空环境的时候会用到你在太空授课中看到和学到的知识。"

"再考考你，谁上过两次太空？"

"嗯，是聂海胜叔叔，'神舟'六号和十号，还有景海鹏叔叔，'神舟'七号和八号。"

"发射'神舟'飞船的运载火箭是？"

"'长征2号F'火箭，捆绑式的。"

"那发射和着陆地点呢？"

"发射是在酒泉卫星发射中心，着陆在内蒙古草原，好像是在四子王旗。"

"不错，倒背如流嘛。"教授十分欣慰。

"教授，为什么'神舟'飞船上有两对太阳电池板呢？"小明不解地问。

"你仔细看一下都装在哪里？"

"一对装在后面的仪器舱上，这个正常，还有一对装在前面的轨道舱外。"

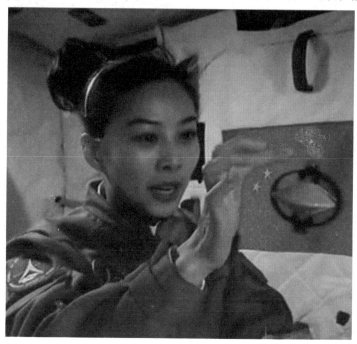

■ 航天员王亚平演示太空失重条件下的陀螺运动

■ "长征2号F"火箭屹立在发射场

"这正是'神舟'飞船独特的地方。"

"哦?"小明心里琢磨着里面到底有什么玄机。

"俄罗斯和美国飞船的轨道舱和返回舱分离后,一般是废弃不用的。而'神舟'飞船返回舱返回后,轨道舱将继续留在轨道上工作半年左右,相当于一颗对地观测卫星或太空实验室。"

"噢,明白了。继续工作就需要电力,所以要有太阳电池板。"

"对,轨道舱留轨利用是中国飞船的一大特色。而且……"教授顿了一下,说:"两对太阳电池阵可以大大增加飞船上的供电能力,'神舟'飞船的电力平均1.5千瓦以上,差不多相当于一辆富康汽车的电源功率,是'联盟'飞船的3倍。"

"好厉害呀。"

"除了太阳电池板,轨道舱尾部还有4组小的推进发动机,每组4个,为飞船提供辅助推力和轨道舱分离后继续保持轨道运动的能力。"

小明点了点头,心里想,嗯,这个也用得着。

"教授,除了苏联及后来的俄罗斯、美国和中国,还有哪些国家研制了载人飞船?"

"欧洲、日本研制了自动转移飞行器(ATV)和乘员转移飞行器(CTV),都是为国际空间站服务的。"

"小明知道为什么世界上只有少数的几个国家能独立实现载人航天吗?"

"嗯,因为技术比较难吧?"

"对,这是比较关键的原因。太空环境比较复杂,人类难以生存,所以要开发大量的新技术,比如安全的返回技术、太空生命保障系统、大推力的运载火箭、高可靠的飞船、交会对接、太空行走等等,每一项都包含了一系列的技术。"

真不容易啊,中国的航天专家真了不起,小明想。自豪感不免油然而生。

"是的,除了技术,还要有决心,有实力。"

怪不得之前我们国家没搞呢,小明想。

"对,说明现在中国的国力已经非常强大了。"教授似乎看出了小明的想法。

"而且我们只用了6次载人飞行,就成功试验了载人飞行、太空行走、太空对接等一系列复杂的太空技术,做到了美苏几十年才完成的事情。"教授有点激动。

小明心中也涌起了无限的骄傲……

六、像飞机一样"飞"上太空

一想到放学后要去教授那里,小明心里就高兴。放学铃声一响,小明就迅速收拾好书包,急匆匆地跑向教授家。

一路上,春天刚刚披上绿装的柳树枝叶随风飘荡。天气真好,小明心里想。

"教授,今天讲什么呀?"一进门,小

明就迫不及待地问。

"别着急,之前我们说到载人飞船的时候,你不是问了个问题吗?"

"对呀,我想,要是飞船能像飞机一样自己飞上天就好了……难道真的可以吗?"

"没错,你和航空航天专家们想的是一样的。这也就是我们今天要讨论的主角——航天飞机"。

"讨论"是教授经常说的,教授从来不说"我教你……"或者"跟我学……"教授也经常鼓励他的想法。教授就是有水平,还不爱显摆。小明心想。他心里其实特别佩服教授渊博的学识,尤其是关于自己钟爱的太空方面的知识。教授还特别亲切,不像爸爸妈妈或是老师、校长那样老是摆起面孔来教育人,搞得别人提不起兴趣。

"哦,专家们也这么想过?"小明一下来了兴趣。

"当然了。自古以来,人类对飞向天空、探索宇宙奥秘的梦想都是基于拥有翅膀的鸟类。古人不是说过——'海阔凭鱼跃,天高任鸟飞'吗?所以这是很自然的想法,也是科学思想的逻辑必然。"

霎时间,小明觉得自己高大了许多。"哦,那什么是航天飞

知识卡片:载人航天器

有人乘坐的航天器称为载人航天器。它是人类在太空生活和工作的场所。目前已发射的载人航天器都是围绕地球运行的。从1961年初人类首次进入太空以来,人类已发射了3种载人航天器。

第一种是载人飞船。它是一种用运载火箭发射到地球轨道上做短期飞行,在完成特定任务后再返回地球的载人航天器。苏联曾称之为"卫星式飞船"。载人飞船一般是发展载人航天国家首先发射的载人航天器,也是目前发射数量最多、最可靠、成本效益最好的天地往返运输工具。

第二种是航天飞机。它能够自行发射到地球轨道(即自身也是运载火箭),进行短期太空飞行后再自行返回地球。由于技术难度大,成本高,世界上一共只有过6架航天飞机。其中美国有5架。苏联曾发射过1架无人航天飞机,但未正式投入使用。

第三种是载人空间站。目前共发射了9个。它是由运载火箭多次发射,并在地球轨道组装完成的大型轨道设施,是人类较长期在太空工作和生活、开展各种研究实验的场所。

同无人航天器相比,由于需要人在上面工作和生活,载人航天器必须有较大的活动空间,有环境控制和生命保障系统,以及返回地球的再入系统,同时要有极高的可靠性。

机呢?"小明赶紧问。

"航天飞机是世界上第一种也是目前正式投入使用的唯一一种有翼、部分可重复使用的载人航天器。"

小明脑海中快速想象着航天飞机的样子。

"咦?"他睁大了眼睛,看到了教授播放的幻灯片。屏幕上出现的是一架正在喷出巨大火焰、冉冉升起的航天飞机……

小明真的感到有点震撼了。好漂亮、雄伟的"飞机"啊。他心里想。

"它能直接飞到太空中去?"

"对。它既能像火箭一样垂直起飞,把人和货物、卫星等发射到太空,又能像飞船一样在太空运行,而且还能像飞机一样水平着陆。"

"怎么和我坐的飞机不一样呢?"小明想起去年暑假爸妈带他到兰州旅游时坐的飞机,好奇地问。"飞机下面的是什么?"

"咱们还是先说说上面的'飞机'吧。"教授笑着说。"航天飞机有轨道器、助推火箭和外贮箱三个部分。"

"上面这个叫轨道器,是航天飞机的核心部分,是唯一可以坐人并进入太空飞行的部分。"

"那……它有多大呢?"

"长度大约37米,把起落架放下有17米高,两个机翼最宽处24米,装满东西返回时重87吨,差不多相当于一辆奥迪A6轿车的48倍。"

"那能装很多东西吧?"

外贮箱

轨道器

助推火箭

■ 起飞中的航天飞机

航天飞机轨道器
上打开的巨大货舱

"当然了,比飞船'肚量'大多了。它能坐7个人,并且有一个能装23吨货物的大货舱,可以把各种卫星及行星探测器送入太空。"

"好厉害呀。"小明想。"下面的是什么?"他继续问道。

"下面中间红色的大罐子是外贮箱,是唯一不能重复使用的,里面装的是燃料,就是液态的氧和氢。"教授说。"两边的是助推火箭,是为航天飞机提供动力的,用的是固体燃料。"

"那一定很'有劲儿'吧?是不是比跑车还厉害?"小明想象着坐上最"厉害"的大马力汽车时的那种推背感。

"单台火箭发动机有12,900千牛推力, 相当于F22重型战斗机的165倍。"

"啊,这么厉害!太酷了!"小明瞬时觉得那些他说不上名字的高级跑车都"弱爆了",简直完全不在一个档次上。

"那航天飞机和普通飞机飞起来是一样的吗?"小明问道。"我是说,它起飞、飞行,还有着陆的过程?"

"航天飞机的飞行过程分为上升、轨道飞行、返回三个阶段。"教授慢慢地说。

"起飞命令下达后,轨道器上的主发动机和助推火箭会同时点火,飞机垂直上升,就像前面幻灯片中你看到的那样；飞到50千米高度时，助推火箭停止工作并与轨道器分离；发射后约8.5分钟，主发动机熄火，外贮箱与轨道器分离，进入大气层烧毁。轨道器进入太空，开始工作。"

"那，怎么回来呢？"

"完成任务后，航天飞机先减速，降低轨道，然后进入大气层，并像普通飞机一样滑翔着陆。"

"而且航天飞机即使在一个跑道不太理想的地方也能顺利着陆。"

"哦，发生过这样的事情吗？"

"是的。因为返回时有时会遇到天气突变等意外情况。顺便说一下，航天飞机发射和降落一般都在肯尼迪航天中心。"

"如果降落在别处，那它怎么回家呢？"小明突然想到这个问题。

"它会坐飞机回去。"教授回答说。

"它也坐飞机？"小明的嘴巴张得大大的，声音也突然高了起来，显然有点意外。

"没错，它会被一架波音747背着运送到肯尼迪航天中心。"

■ 波音747飞机载着航天飞机轨道器飞行

这时小明看到了教授播出的幻灯片。真的，这"家伙"真的"骑"在一架波音飞机上。这可太酷了!小明想。

自然地，小明想到了一个问题。"航天飞机一定很珍贵吧?"

"为什么呢?"

"因为要用大型专机运送，这可比什么飞机头等舱，还有什么私人飞机厉害多了。"小明说。"还有，就是它能直接飞上太空，别人做不到。"

"我们过一会儿再说吧，想不想喝杯咖啡呢?"教授问。

"当然想。"小明最喜欢喝咖啡了，还有好吃的甜点……

七、巅峰之作

"味道怎么样?"

"好吃……"小明嘴里还在回味着。

"那我们接着说说航天飞机的珍贵之处。"教授从不让他边吃边学。

小明恋恋不舍地望着被他一扫而光的碗碟。"好吧。"

也许是怕我分心吧，真是太好吃了。小明想。

"你先说说看。"教授开始启发小明。

"对了，它很能装东西。"小明猛然想起来。

"对。它发射过著名的'伽利略号'和'麦哲伦号'探测器，还携带过更大更复杂的太空设施，比如欧洲航天局的'空间实验室'以及大型天文望远镜。"

"真帅!"

"还不止这样，20世纪90年代开始，它主要为空间站这样的大型太空设施执行运输任务和组装维修任务。"

"这么酷!"小明说。"那得在太空待一段时间吧?"

"是的，航天飞机在太空飞行时间一般不到2周，最长近30天。所以可以对失效的卫星和大型设施进行修理或回收，比如在太空组装大型空间站，或者维修昂贵的'哈勃太空望远镜'。"

"不过，它怎么做到的呢?我是说，在太空中，怎么修啊?要航天员到太空中去吗?"

"你说得很对。其实有两种方式，一种是借助工具，还有一种就是人出去修。"

小明点着头，开始思考。

"所以航天飞机除了有宽大货舱外，还有先进的机械臂和强大的舱外活动支持能力。"

"机械臂?"小明一下子来了兴趣。"一定很厉害吧?"

"航天飞机上的机械臂可以迅速而灵活地卸载大约10吨重的设备。"

"10吨?"小明想着10吨有多重。

"比一头成年的非洲大象还要重一些。"教授看出来了，马上给了小明一个答案。

"厉害。这岂不是一台太空'起重机'吗?"

"还不止,它还很精巧和灵活,能完成一些精细的操作任务。"

"噢。"小明点点头。

"那舱外活动支持能力指的是什么?"

"这个我们以后再讨论。"教授神秘地说。

"好吧。"小明有点失望,但这种神秘感让他又有点渴望,学习知识的感觉有时挺折磨人的,不过确实不能"一口吃个胖子"。

"为什么航天飞机就能不断往返太空,其他飞行器不行呢?"小明很快又问道。

■ 航天员利用航天飞机上的机械臂维修哈勃太空望远镜

机械臂

哈勃太空望远镜

出舱航天员

航天飞机货舱

"因为它是可重复使用的,而宇宙飞船等通常是一次性的。"

"这个,很难吗?"小明有点不懂。

"的确很难,要有很多先进的技术。"教授说道。"航天飞机要想重复使用,就得飞机的各部分都能重复使用。"

"对。"

"那就需要攻克可重复使用的高性能发动机技术、大推力可重复使用固体助推器技术、可重复使用防热瓦技术……要设计出在大气层中做高超音速、超音速、亚音速飞行的气动外形……有超过250万个零件……"

教授还在滔滔不绝地讲着,不过小明已经有点头晕了。"等等,那个……防热瓦?"在一大堆陌生的词汇里,小明抓住了一个听起来还"靠谱"并且"接地气"的词。

"就是贴在轨道器表面的。"

"为什么要贴这个?"

"因为要有能承受再入大气层时高温加热的防热系统。"

小明搔了搔头,又问了一遍,"航天飞机一定很贵吧,这么复杂?"

"嗯……"教授停顿了一下,意识到不能说得太深奥。

知识卡片:哈勃太空望远镜

哈勃太空望远镜(Hubble Space Telescope)属于美国航空航天局与欧洲航天局的合作项目,其主要目标是建立一个能长期在太空中进行观测的轨道天文台。它的名字来源于美国著名天文学家埃德温·哈勃。

1990年4月25日,"哈勃"由航天飞机送上太空。望远镜长约13米,直径约4米,重约11吨。它以2.8万千米的时速运行,高度为600千米。"哈勃"的分辨率是地面天文望远镜的10倍以上。同时,由于没有大气湍流的干扰,它所获得的图像和光谱具有极高的质量。

哈勃太空望远镜大大弥补了地面观测的不足,是天文史上最重要的仪器之一。它观测并验证了猎户星云中聚集的许多被浓密气体和尘埃盘包裹的年轻恒星,证明了超新星爆发和大质量恒星死亡的直接联系以及黑洞的存在,观测到了新的暗物质异常现象,发现了多颗大气层中有水存在的太阳系外行星,还发现了质量与3千万亿颗太阳相当、约为银河系质量3000倍的"大胖子"星系团,拍摄了宇宙最深处的景象,捕捉到许多年代非常久远的星系和从未见过的遥远星系。

哈勃太空望远镜帮助天文学家解决了许多天文学上的基本问题,使得人类对天文物理有了更多、更深刻的认识。

哈勃太空望远镜运行期间,历经了多次重要的空间维修和设备升级。后续的太空天文观测任务将由詹姆斯·韦伯太空望远镜等接替。

"每架航天飞机的造价大约是120亿美元吧。"

"妈呀!这么贵!那得买多少辆——跑车啊?"

小明心里其实想的是爸爸开的长城H6,有点不太好意思。他听说奥迪车好像值50万元人民币。那得买——1万辆?不对,是15万辆,他心里想。

"因为数量少,所以摊到每架飞机上的成本就很高了。"教授解释道。

"哦。"小明又学会了一个经济学概念。

"那有多少架呢?"

"5架。第一架是'哥伦比亚号',1981年4月12日成功发射。后来美国又研制了'挑战者号''发现号''阿特兰蒂斯号'和'奋进号'。"

"对了,之前还研制了叫'企业号'的试验样机。苏联1991年也发射过一架'暴风雪号',不过没坐人。"教授补充道。

"怪不得这么贵!"小明喃喃地说。

"这还不算每次约4.5亿美元的发射费用呢。"教授提醒道。

"这样啊。"小明有点失望。"那和太空旅游有什么关系呢?谁能坐得起啊?"

"嗯,这个吗。"教授想了想。"是这样的。航天飞机突破了很多技术,也积累了很多经验,这些技术和经验对太空旅游非常有用。"

"就像汽车一样,如果没有F1大奖赛和达喀尔拉力赛,汽车就不能突破那么多的技术,也就不能像现在这样可靠和普及。"

小明点点头,好像有点懂了。

"比如航天飞机起飞和返回的最大过载分别限制在3倍和1.5倍重力以内,这样普通人就能像航天员一样乘坐了。而且,航天飞机还能像普通飞机那样水平着陆……"

"对了,它返回时后面还拖着一把大伞。"

"那是减速用的,可缩短在跑道上

■ 航天飞机利用伞进行着陆减速

的滑行距离。"

听到这些，小明觉得更开心了。

"其实宇宙飞船和航天飞机的最大作用就是去探索和发现，就像人们早期航海一样。想知道航天飞机的名字是怎么来的吗？"

"太想了。"

"嗯。主要就是根据早期的远途探险船命名的，比如'发现号'就源自18世纪发现澳洲大陆、夏威夷群岛的著名的库克船长的'座驾'。"

"真是了不起。"

"是啊。NASA的前任局长曾说过，

'航天飞机使我们真正学会了如何在太空生活和工作'。"

NASA，美国航空航天局。小明内心激动了起来。

"航天飞机是代表人类先进科技水平的巅峰之作……"听着教授的话，小明顿时心中充满了敬仰。

小明觉得，自从了解了这些，自己仿佛站在了一个很高的地方。有多高呢，他也说不清，反正比小伙伴们高多了。想到这里，小明不禁笑了。

"我要飞得更高，飞得更高……"回家路上，小明欢快地唱着。

八、"天龙号"与"钢铁侠"

"教授，今天我们到底学什么？"一见到教授，小明急急地问。

"别着急，你先想一下，我们最近都学了什么？"

"嗯。"小明喝了口水，想了想。

"主要讲了两种航天器，一个是载人飞船，一个是航天飞机。"

"很好。那小明有没有发现，前面我们讨论的这两种航天器有什么共同点呢？"

"它们都能飞到太空，也都能返回地球。"

"非常准确。还有呢？"

"都能载人。"

"不错，还有没有？"

"你想想它们后来发挥的作用。"教授启发道。

"噢。它们都是交通工具！"

"对。美国和俄罗斯、欧洲等后来联合建造了'国际空间站'，这个我们后面会讨论，所以就迫切需要'太空巴士'运输人和货物。"

"太空巴士……"小明脑中立刻充满了遐想。

"这时候，'天龙号'飞船就可以发挥作用了。"

"'天龙号'飞船？好威武的名字！"

"是'太空探索公司'研制的飞船。"

"这家公司……很神秘吗？"小明忽然很感兴趣地问。

"说起这家公司，还真有点传奇呢。"

"什么传奇？"小明很感兴趣。

"你看过电影《钢铁侠》吧？"

"《钢铁侠》，好莱坞大片，斯塔克工

业,太过瘾了。当然看过。那可是我的偶像呢。"

"'太空探索公司'的首席执行官艾伦·马斯克当年是做网络支付系统的,是一个亿万富翁,被称作'硅谷钢铁侠'噢。"

真酷,小明想。网络支付系统?这个跟妈妈在淘宝网上的购物可是关系密切呀。

"不过搞网络的,去做太空旅游,这个,好像差得有点远吧?"小明有点困惑。

"他曾经搞过太阳能,造过汽车,是著名的特斯拉(Tesla)电动汽车公司的首席执行官。"

"特斯拉电动汽车?噢,我知道,特别酷。"

"对,这是一家改变世界汽车格局的公司。"教授继续说道。"艾伦是个梦想家,他曾说过,虽然没有穿着'钢铁服',但是要造出飞到太空的火箭和宇宙飞船。他还说,他的终极目标是要让人类在火星上定居。"

"太酷了!"小明想,要是都能实现就好了。不过这些天的学习,也让他深深感到太空探索是一件很不容易的事情。

"一定要有梦想,有梦想就会去努力,才有成功的可能。"教授的话像是包含着很深的道理,小明开始沉思。是啊,正因为有梦想,才有人发明了电灯、汽车、轮船、飞机和火箭、飞船,才能去发现新大陆,才能进入太空……

"说说'天龙号'飞船吧。"小明的兴趣转向了飞船。"它和其他飞船长得一样吗?"

这时小明看到了教授拿出来的图片。还真不太一样,小明想。

"飞船长6米,最大直径3.7米。有三个部分,最前面是前锥体,起防护作用;中间是座舱,是坐人和放货物的;后面是服务舱,里面有电子设备、降落伞等。"

"比其他飞船'粗'了不少。"

"对,服务舱体积达到了14立方米,不过座舱的体积也有10立方米,能坐7个人和装6吨货物呢。"

"这么多?真厉害。对了,它也是轨道舱和返回舱'二合一'吧。"小明指着图片说。

"没错。"教授接着提醒道,"'天龙号'的对接方式可是有点特别哟。"

"噢?它的对接机构是在前面吗?"小明指着图片问道。

"是的。不过它不是自己去'撞进'国际空间站的,而是要空间站用机械臂'抓'住它后'放进'对接位置的。"

"原来国际空间站也像航天飞机一样有机械臂呀。这种方式还挺特别的。"

"是的,这种方式可以减少飞船对接系统的重量和复杂性。"

"那'天龙号'还有什么特点吗?"

"第一次成功飞行是在2010年12月8日。目前它是用水上着陆的方式返回,就是落在海里。"

"为什么不在陆地着陆呢?"

"这样设计上可以更简单,可靠性也更高。"

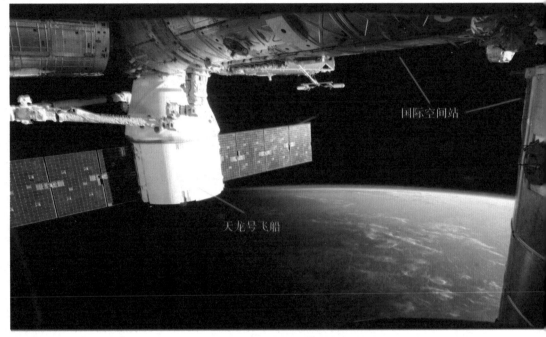

国际空间站

天龙号飞船

■ 国际空间站上的机械臂将"天龙号""抓"住并"放进"对接位置

"其实'天龙号'最大的特点是可重复使用。"

"可重复使用?和航天飞机一样?"

"对。"

还真的是够厉害。小明不禁想。

"它怎么做到的呢?我是说要开发这么多技术,需要很多投入吧。"

"先从给国际空间站运送货物开始,已经与NASA签了合同,将向空间站发射12次货运飞船。"

"这样啊。"小明若有所思。"那'天龙号'还有什么好玩的事吗?"

"这个吗……'天龙号'是2012年5月成功完成了国际空间站首次货运任务。这可是一次非同寻常的飞行。"

"为什么?"

"这是第一次一艘'商业飞船'访问国际空间站。"

"后来在10月份的正式飞行中,'天龙号'给航天员带去了巧克力和香草口味的冰激凌。"

真棒,想到在太空中也能吃到好吃的巧克力和冰激凌,小明心里可高兴了。

"第二次货运飞行是在 2013 年 3 月,除了其他补给外,飞船还运送了一些绘画颜料。"

"送颜料干什么?要给飞船里面换颜色吗?"

"不是的。飞船舱壁的颜色可没那么容易换。"教授笑着说。"是为了让学生们观看在太空如何作画以及画作的晾干过程。"

原来是这样。"那这次又带了冰激凌吧?"

"这次没有带。因为飞船冰箱里已经装满老鼠干细胞、蛋白质晶体和其他实验材料,实在是放不下了。"

真可惜,小明心里想。

"以后还会送些什么不一样的东西呢?"

"应该还在计划当中。不过今年会送一台 3D 打印机。"

"3D 打印机?我听过,好像是能直接把东西'打印'出来。"

好酷啊!看到教授肯定的眼神,小明不禁想,如果以后需要什么,是不是就能直接在太空"打印"了呢?

小明没有问这个问题,这次他想回去自己查资料,自己

■ "天龙号"返回舱水上回收

搜救快艇

搜救快艇

水上回收打捞装船的返回舱

动手解决,因为他知道,他必须要学会独立思考……听教授说,2017年,"天龙号"飞船就可以载人飞行了……小明记得,2001年世界上首位自费太空游客的太空之旅花了2000万美元……教授说,为了让太空游费用尽快降下来,美国制定了"商业轨道运输服务"、"商业再补给服务"和"商业乘员开发"等计划,让私人公司参与载人航天任务……有了商业化的"太空巴士",太空旅游的梦想更近了……

九、"追梦者"与"太空船"

"教授,还有没有别的商业飞船?"

"还记得美国的'商业乘员开发计划'吗?"教授没有马上回答。

"记得。"

"这个计划的目的就是要鼓励更多公司的参与。"

哦,看来美国政府和我想的一样啊。想到这里,小明心里一乐。

"那还有其他公司参加吗?"

"是的,不过美国政府选了三家。"

"教授,快说说吧。"小明央求道。

"那我们就先说说'追梦者'吧。"

"'追梦者'?这名字真好听。"

"这不是航天飞机吗?"看到教授拿出的图片,小明大叫道。

"很像吧。很多人又叫它'迷你航天飞机'。"教授笑着说。

"简直太像了。"

"那它也和航天飞机一样,是垂直起飞、水平着陆吗?"

"是的。"

"也能重复使用吧?"

"对。"

"与航天飞机大小一样吗?"

"这个是主要的区别。"教授说。"'追梦者'不会携带很多货物,它有9米高,10吨重,尺寸上大约是航天飞机的四分之一,重量是航天飞机的八分之一。"

难怪叫作"迷你型"航天飞机呢,小明心里想。"里面能坐几个人呢?"

"最多可以坐7个人。"

"和航天飞机一样?!"小明真的很吃惊。

"对了,航天飞机下面有一个大大的外贮箱,旁边还有2个助推器。'追梦者'有吗?"

"没有。'追梦者'是用现成的'宇宙神-5'火箭来发射的。"

"噢。我知道了,这样就能降低成本了。"

"'追梦者'最大的特点是采用了升力体设计。"教授补允道。

"升力体设计?"

"对。小明知道飞机是靠什么部位产生升力的吗?"

"发动机。噢,不对,是机翼。"

"对了。但升力体是一种完全不同的概念。它没有常规飞机的机翼,而是

座舱

设计成翼身融合
体的升力体外形

发动机喷管

三维设计的'翼身融合体'来产生升力。"

"翼身融合体?"

"就是不区分机身和机翼,把它们设计成一个整体。"

"那有什么好处呢?"

"这种设计可以消除机身所产生的附加阻力和机翼与机身间的干扰,从而提高整体性能。"

小明若有所思地点点头。

"而且在防热材料上,能使用大量的复合材料,所以既坚固,重量又轻。"

"我明白了,就是又安全,又能降低发射成本。"

"小明学得真快。"教授赞许地点着头。

"另外就是升力体结构相比其他设计来说,给了飞船较大的内部空间。"

"这是为什么?"

"因为要产生足够的升力,机身就必须保持一定的外形比例。"

噢,怪不得"追梦者"比航天飞机小那么多,乘坐的人数却一样多呢。小明想。

"那'追梦者'什么时候能上天呀?"小明着急地问。

"这个还得等几年。"

■ 外形酷似航天飞机的"追梦者"概念图(在跑道上滑行)

"不过2013年10月，'追梦者'样机进行了首次无动力自由飞行试验。"看到小明失望的表情，教授补充道。

"是吗？怎么样？"小明兴奋地问。

"之前已经做了多次悬吊飞行测试。这次试验是用直升飞机钓到距地面约3800米的高度，随后释放，让'追梦者'通过自身所搭载的自动控制系统进行滑翔飞行。"

"太好了！"

"教授，什么时候太空旅游的价格能便宜呀？"

"这个吗，不会太遥远。你一定赶得上。"教授肯定地说。

"另外，不同公司会有不同的太空游项目。我们看看一种相对'便宜'的'太空巴士'。"

"真的有吗？太好了。"小明顿时兴奋起来。

"是的。'太空船1号'2004年6月就进行了一次飞行。"

真好听的名字，小明想。

"没错。你知道吗，'太空船1号'的赞助者之一可是信息技术界一个大名鼎鼎的人物呢。"

"哦？"

"他的名气可比'硅谷钢铁侠'还要大呦。"

"哎呀教授，是谁呀，你快说嘛。"小明脸上满是好奇和期待的表情。

"他就是美国微软公司创办人之一的保罗·艾伦。"

"哇，大名鼎鼎啊。他可跟比尔·盖茨齐名。"

"那后来呢？"小明继续问。

"后来又开发了'太空船2号'，准备为太空游客提供亚轨道旅游服务。"

"'太空船'的最大特点就是发射方式与其他飞船不同，它采用的是由一架双体飞机空中发射的方式。"

"双体飞机就是有两个机身，翅膀连在一起的飞机吗？"小明问道。

"对，它叫做'白骑士2号'，它是'太空船2号'的载机。"

"白骑士"？《指环王》电影里就有，好像在西方神话传说里很著名的，能拯救世界之类的，小明隐约记得，这个回去可以查一查，小明心里想。

"载机是不是能驮着其他飞机飞的飞机？"

"是的，'白骑士2号'载机将驮着'太空船2号'飞到大约15千米高空后释放，之后'太空船2号'的火箭发动机开始工作，最终上升到110~130千米高度，然后再以滑翔方式返回。"

"那'白骑士'怎么发射'太空船'呢？"

"有点像飞机发射导弹那样。"

"原来是这样啊。真巧妙。"

"'太空船'能坐多少人呢？"

"'太空船2号'可以运载八个人，其中两名是机组人员，另外六名是游客。而'太空船1号'只能坐三人。"

"已经不少了。"小明没想到能坐这么多游客。

"那飞行一次要多长时间呢？"

"从发射升空到着陆,整个过程大约2个半小时。"

教授停顿了一下,继续说,"大约在飞行45分钟后,'太空船'与'白骑士'分离,火箭发动机点火。"

"到大气层边缘时,速度是音速的3.3倍,发动机关闭,这时太空船由于惯性会继续爬升一段,而乘客会被安全带牢牢固定在座椅上,体验大约5分钟的失重状态。"

"真奇妙啊。"小明情不自禁地感叹。"'太空船'还有什么特别的吗?"

"它的机身主要采用碳合成材料,不仅坚固,而且非常轻巧。'白骑士2号'可是号称世界最大的全碳纤维材料飞机呢。"

"碳纤维,我知道,一些超级跑车也只是试用呢,这个很厉害的。"小明很兴奋地说。他记得兰博基尼和雷克萨斯就有这种材料的车型。

"这样不用增加发动机推力,就能飞得更高了?"

"对。再加上'白骑士'的帮助,所以'太空船2号'只有一台发动机就可以了。"

小明点着头,暗想,技术进步可以让原来很多做不到的事情都能实现……

■ 维珍银河公司的"太空船"

十、CST-100与"山猫"

"教授,不是说美国'商业乘员'计划还有别的公司被选中了吗?"

"对呀,还有两家公司。"

"你快说说呗。"

"哈哈,小明着急了吧。"教授笑了笑。"那今天我们先说说一家大公司。"

"噢?大公司?有多大?"

"这是全球航空航天领域最大的公司。"

"哦,我知道了,一定是波音公司。"

"对了,就是波音公司。"

"波音公司也开发商业飞船?"小明知道,波音公司可是世界航空航天领域的"巨无霸"。

"波音公司一直是美国政府太空探索领域的主要承包商。"

"那它为什么要开发商业飞船?"

"因为波音公司知道这里面将会有非常大的市场。"

非常大的市场,小明想,这倒是真的,我就很想快点去太空旅游,一定有很多和我一样的小伙伴们都想去呢。

"那波音公司的飞船叫什么名字。"

"暂时还没有名字,只有代号。"

"代号?"

"对,CST-100飞船。"

"为什么这么奇怪?"

"这里面的数字是有含义的,它代表的是飞船飞行的高度。"

"100千米!就是到了大气层边界的

地方。"小明明白了。

"它的主要任务是运送航天员到国际空间站,当然也会顺便带游客上去。"

"能坐几个人呢?"

"飞船能坐5~7个人,一般情况下4个是机组工作人员,所以还可以带3名游客哟。"

这时教授拿出了CST-100飞船的图片。

"这个看起来挺好玩的,很小很可爱的感觉。"

"有人把它叫作'太空胶囊'。"

"呵呵,是挺像的。"小明笑着说。

"咦,只有1个舱吗?"

"是两个舱,座舱和返回舱'二合一'了,后面的是设备舱,前面则是对接口。"

"它能重复使用吗?"

"差不多能用10次。"

这比其他类似形状的载人飞船强多了,小明想。

"不过,不太看得出来是商业飞船。"小明挠了挠头。"更像以前的'水星号'。"

"我们前面提到了它会接待游客对吗?"

小明点了点头。

"还不止这样,CST-100飞船在设计上还考虑了访问未来的商业空间站。"

"商业空间站?"

"对。这个我们后面会讨论的。波音

公司的一个合作伙伴正在设计这种商业空间站,而CST-100飞船在设计上已经考虑到访问该空间站的问题。"

"好酷啊!"

"还有就是商业旅游要求舒适性,这一点波音公司也考虑到了。"

看到教授拿出的图片,小明不禁睁大了眼睛。

"这个是舱内的效果。"

"好梦幻啊!"很难想象是在一个太空舱里,小明想。

"是的,内部采用了天蓝色的LED照明技术,设计很现代吧?"

小明一边点头,一边憧憬着自己有朝一日坐在里面的感觉。

"CST-100飞船到了什么程度了?用什么发射呢?"

"也是用'宇宙神-5'火箭发射。"教授说,"说到进度,已经完成了在地面模拟器上的虚拟试飞。"

"那是什么?"

"就是在计算机上测试整个过程。像玩游戏一样。"

这个小明可"熟悉"了。想不到玩游戏也是工作,小明想,这样真好。

A　CST-100飞船构型图

B　CST-100飞船的内部装饰

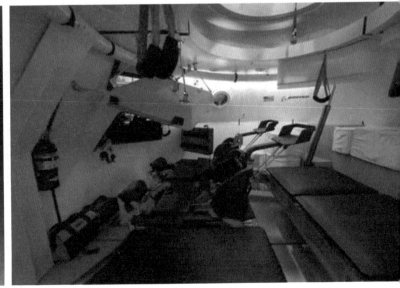

"差不多 2015 年会进行无人轨道测试、无人逃脱系统测试以及载人抵达国际太空站并对接。"教授想了一下，继续说。"如果计划一切顺利的话，那飞船会在 2016 年开始商业飞行。"

真不错。小明心里想，让我快点长大吧，那我该坐哪艘飞船上太空呢……

"好了，现在我们再说说'山猫'飞船吧。"教授的话似乎从外太空传过来，小明的思绪突然被拉回了现实。

"什么？'山猫'？"看到飞船的图片，小明高兴了。"又是一架像飞机一样的飞船。"

"是的，不过这次有点不同。"

"哦？"

"这个要小一点。"

"你是说，坐的人少？"

"对，它只能坐两个人，其中一名是驾驶员。"

"只有一个游客！"小明有点失望。那可是超级 VIP 呀，包机的待遇，可比头等舱厉害多了。当然也肯定贵多了。

"不过'山猫'飞船的发动机技术非常独特。"

"为什么？"

"它采用的是一种叫作活塞泵的设计，能达到类似涡轮推动的效果。"

"这种技术有什么好处呢？"

"它可以使用传统的煤油和液氧作为燃料，同时很容易制造和维护，而且有利于重复使用，所以理论上每天可进行多次飞行。为了开发这种技术，专家们可是花了 12 年时间呢。"

小明点了点头，内心重新燃起了希望。说不定这种技术发展下去会很有前途呢。他想，不过还是坐的人少了点。

"'山猫'起飞后能达到 2.9 马赫的超音速。"看到小明有点困惑，教授继续说，"相当于约每小时 3200 千米吧。"

"这么快，那飞一次要多久呢。"

"大约 45 分钟。"

"好厉害呀。"

"所以这家公司还要开发超音速飞机，用于长途的航空旅行。"

"那岂不是很快就能到目的地了？"

"是的。估计只要 90 分钟就能从纽约飞到东京。"

"太厉害了。"小明不禁想，好像现在的飞机要飞十几个小时呢，从北京飞到兰州也要 2 个小时，难怪教授会提到这种飞机。

"这种超音速飞机会在一般的飞机跑道上起降，但在飞行过程中将飞出大气层。"

"那会不会有的乘客受不了？"

"有可能，不过如果进行常规航行的话，舒适性会改进很多。"

"什么时候能开通呢？"

"还早，目前只是设想，可能在 20 年内进入市场。"

20 年，小明想，没有问题，我肯定能坐上。

第二章

走进"太空旅馆"

一、轨道上的空间站

"今天,我们开始讨论新内容。"小明刚到,就听到教授说。

"小明,还记得我们前面都学了什么吗?"

"嗯,有载人飞船,俄罗斯的、美国的,还有咱们中国的,有航天飞机,还有商业飞船……"

"它们有什么共同点吗?"

"都能飞上太空,也能回来,还都能载人。"

"非常正确。所以它们都是往返太空的交通工具,就像飞往太空的飞机、汽车或者轮船那样。"

"但是,人类飞向太空的目的是什么呢?"教授又问。

"嗯,这个吗……"小明从来没想过这个问题。"太空很好玩,很神秘,还有可能有好东西。"

"差不多吧。"教授笑着说,"人类总是很好奇,喜欢探索未知的世界。而且太空中可能有我们需要的资源呢。"

"有什么?外星人?飞碟吗?"小明十分好奇。

"这个现在还不能肯定。"教授说,"不过太空中说不定有未知的'宝藏'。至少它与我们地球上的环境是完全不同的。"

"对,我记得看过电影,说未来地球资源耗尽了,人类要生存的话就必须移民到其他星球上去。"

"可能吧。那是今后的事情了。"教授笑了笑。"不过所有这些都必须从认识太空开始做起。"

小明点了点头,心里觉得很对,要是不了解太空就去,风险可太大了。

"认识太空就必须要去接触,要做一些实验。"

"我知道了,怪不得要在载人飞船

上进行科学实验呢。"小明突然明白了。

"小明说得对，但是你想，载人飞船是不是有很大的局限性呢？"

"这个嘛……"小明挠着头。

"载人飞船很小，空间有限，还有就是，在太空待的时间短，上去几天就得回来。"

"对。"教授肯定地点着头。"这样就不利于长期考察太空环境，一些大点的实验设备也带不上去，能做的实验数量少，时间短。"

"比如说在太空观测地球，没有一定的时间，很难覆盖到所有的地球表面。"

"所以，"教授话锋一转。"航天专家们就想到了要搞载人空间站——这样就能在太空长期运行了。"

"我知道，国际空间站，前面提到了。"

"对，国际空间站是其中的一个。不过你能说说空间站的特点吗？"

■ 空间站比载人飞船空间更大，可以装载更多的物资

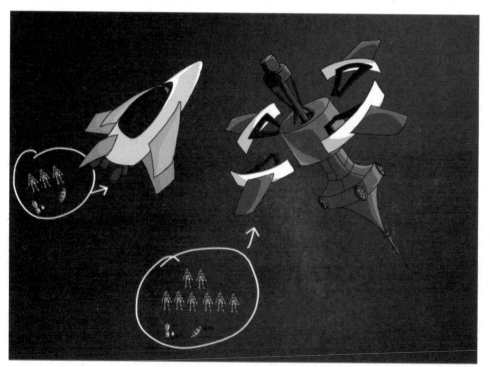

不是还没学呢吗?小明感到有点奇怪。

"你看,既然空间站是为了解决载人飞船不能解决的问题,那你可以从这个角度想想看。"

"我明白了。"小明点点头。"空间站比载人飞船大,里面能装的人多,在太空中待的时间长。"

"非常好。"教授赞许地点着头。"给你补充一下,就是空间站要具有'接待能力'。"

"接待能力?"小明有点困惑地望着教授。

"对呀,空间站要在太空长期运行,有些物资得从地面补充呀。"

"我知道了,就是用飞船来运送物资。"

"不光是飞船,航天飞机也可以。"

小明拍了拍脑门,心想,怎么把这个给忘了。

"既然有交通工具送补给,那空间站上就得有'停车场'吧,不然'车'停在哪呢?"

"那空间站上的'停车场'是指什么?"

■ 空间站"停车场"示意图

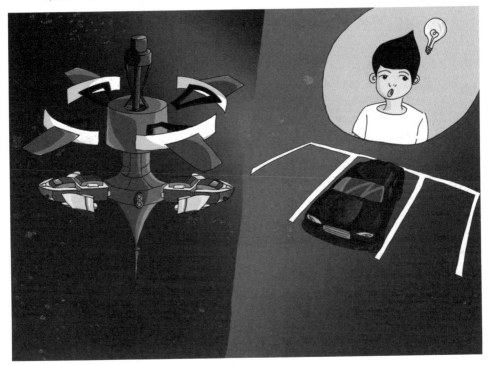

"就是对接口,它们都在专用的位置上。"

"它'们'!"小明大声问道,"您是说不止一个?"

"对呀。如果空间站需要一次补充的东西比较多,那就需要不止一个'停车场'了。"

"而且,万一哪个'停车场'坏了,总得有备用的吧,不然空间站的航天员可能会饿坏的。"教授笑着说。"而且航天员以后也回不来了。"

那倒也是,小明心里想,这个可是太重要了。

"教授,空间站可以在太空中待多久呢?"

"这个不太一样,从几十天到几年都有。"

是比飞船待的时间长多了,小明想"。那空间站待在离地球多高的地方呢?"

"一般在距地面200~300千米的高度。"

"它不会掉下去吗?"小明有点担心。

"不会的。这个你会在牛顿力学里学到。"

向心力示意图

"牛顿,我知道,就是他发现的苹果会掉在地上。"

"对,这就是重力,其实就是地球的引力。"

"那空间站不是也要受到地球的引力吗?为什么不会掉下来?"

"因为它速度很快。这时它要有一个向心力,才能绕着地球飞。"

"向心力?"

"对,就是绕着地球飞所需要的力。当这个力等于重力时,空间站就不会掉下来了。这个等你上高中学了力学就懂了。"

"其实就像体育中的链球运动员挥动链球的道理是一样的。"教授比喻道。"链球就像空间站一样,运动员好比地球,要想让链球围着运动员转,就必须使劲。"

小明点点头,似乎明白了一些。不过他还是盼着能早点上高中,那样就能明白好多知识了,那才是真的明白了。

"还有,就是空间站在设计上,比载人飞船和航天飞机更经济。"

"哦?为什么?"

"因为它只需要待在太空中,不需要返回地球,也不用自己飞上太空,所以可以简化一些设计。"

"我明白了,就像载人的轨道舱和仪器舱一样。"

"别忘了,空间站还可以作为太空旅游访问的目的地哟。"这时,教授端来了咖啡,还有小明爱吃的甜点,今天好像是松饼。

对呀,小明边喝边想,空间站可是个好地方,比飞船大,至少能四处转转,设备也多,嗯,将来有机会一定要去看看。

松饼真好吃。教授这里真好,总有咖啡喝,不像爸爸,只让我喝过一次,不过好像味道差不多⋯⋯

二、太空奠基者

"现在我们说说世界上第一个空间站。"喝完了咖啡,教授慢慢地说。"你觉得会是哪个国家的呢?"

小明没想到教授会问他。他仔细想了想,说:"应该是苏联。"

"说说你的理由。"

"苏联的载人飞船就是最先搞的,而且后来还发展了'联盟号',飞了那么多次。还有美国去搞航天飞机了,您说过技术很复杂,应该顾不上吧。"

"看样子小明很用心哪。"教授点头。

"你说得很对,也很有道理。苏联的'联盟号'飞船之所以飞行了那么多次,就是因为要给空间站运送物资和人员,而且美国当时在飞船和空间站方面已经落后了,后来就调整了策略,搞了航天飞机和登月计划,希望能'扳回一局'。"

"我知道,是阿波罗计划。"

"是的。"教授停顿了一下,继续说道。"苏联的第一个空间站叫作'礼炮号'空间站。"

"真好玩。为什么叫这个名字呢?"

"我想大概是庆祝苏联又一次领先了吧?"教授笑着说。"所以才会放'礼炮'呀。"

"哈哈。那'礼炮号'到底有多大呢?"

"礼炮号全长14米,最大直径4米,重18吨。"

"噢,这个是比'联盟号'飞船长,直径也大了不少呢。不

知识卡片:阿波罗计划

美国于20世纪60~70年代初组织实施的载人登月工程,目的是实现载人登月飞行和人对月球的实地考察,为载人行星飞行和探测做技术准备。

"阿波罗计划"的飞行硬件主要包括"土星"系列运载火箭和"阿波罗"飞船。正式发射"阿波罗"飞船的是"土星5"重型运载火箭,这是美国迄今研制的动力最强大的火箭,其发射质量为2870吨,最大高度为110米,近地轨道运载能力达到104吨,登月轨道运载能力为43吨。"阿波罗"飞船包括指令舱、服务舱和登月舱三部分。

在"阿波罗"登月前,美国开展了四项辅助计划为登月飞行进行准备,分别为:"徘徊者号"探测器计划(1961~1965年)、"勘测者号"探测器计划(1966~1968年)、月球轨道环行器计划(1966~1967年)和"双子星座"飞船计划(1965~1966年)。

1966~1969年,美国进行了6次无人飞行试验、3次载人飞行试验和1次登月全过程演练飞行。1969年7月20日,"阿波罗11号"飞船上的航天员阿姆斯特朗踏上月球,实现了人类登月的梦想。据统计,全世界约有5亿人收看了登月的电视转播。

"阿波罗"计划共实现了6次成功载人登月,历时约11年,登月航天员共12人,是迄今人类唯一的一项成功实现载人登月的计划,是具有划时代意义的航天成就。在工程高峰时期,参加工程的有2万家企业、200多所大学和80多个科研机构,总人数超过30万人。

■ "阿波罗计划"美国航天员登上月球

过还是重量增加的最多,重了3倍呢。"小明不停地对比着各
种数据。"那能装的人也更多了吧?"

"'礼炮号'可容纳6名航天员。"

哇,整整多了一倍呀,看样子能做好多事情了,小明想。
"都有哪些舱呢?"

"小明猜猜看。"教授反问道。

"轨道舱,还有服务舱,嗯……还有对接口。"

"是的,就是这样的。说说原因。"

小明心里可高兴了,因为自己又说对了。"因为要在轨
道做实验,所以必须有轨道舱;然后放设备,所以要有服务
舱;还有前面说的,要有'停车场'。"

"很好,小明真的很用心呢。"

听到教授再次表扬自己,小明心里甭提多高兴了。用刚
学到的知识来推断新的知识,真的很有成就感,小明想,大
概这就是"科学的逻辑"吧。

■ "礼炮1号"空间
站示意图(与飞船对
接在一起)

服务舱

太阳电池板

轨道舱

咦?好奇怪的样子呀!看到教授拿出的图片,小明想。

"这里面可不是只有'礼炮号'自己哟。"

"噢,我明白了。这是载人飞船和'礼炮号'对接在一起的样子。"小明恍然大悟道。

"对,这叫作'轨道复合体'。'礼炮号'空间站经常用这样的方式运行,和'联盟号'飞船对接在一起。"

"为什么呢?"

"因为这样活动空间会更大呀,航天员的工作和生活环境都会更加舒适。"

对呀,小明想,自己在家里憋一天不出去都难受呢,航天员要待那么久,真不容易……"对了,教授,'礼炮号'和'联盟号'要对接多长时间?"

"一开始差不多20多天吧。"

小明吐了吐舌头,哇塞,20多天不能出去,真难熬。心里不禁同情和佩服起航天员来。

"礼炮号"空间站和"联盟号"飞船对接形成的轨道复合体

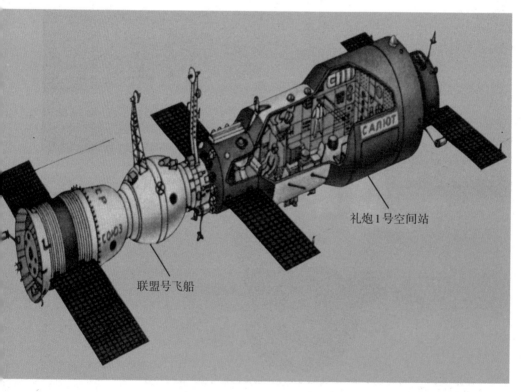

礼炮1号空间站

联盟号飞船

"这样还能更多地利用飞船上的资源,比如电力和燃料。"

"明白了。"小明不停地边点头边想,专家们真聪明,考虑得真周到,这样对接在一起就能把"礼炮号"和"联盟号"的太阳电池板都用上。对了,还有"联盟号"上的燃料,哈哈。

"'礼炮号'空间站的发展可以分为两个阶段。"

"噢?"小明更加认真地听着。

"第一个阶段是'礼炮'1号到5号,算是第一代空间站吧;第二阶段是'礼炮'6号和7号,可以算作第二代。"

"哪儿不一样?"

"主要就是在结构上,第二代比第一代多了一个对接口。"

"为什么?"小明脱口问道,但马上又开始自问自答,"我知道了,这样可以同时接待两艘飞船。"

"对,这样就大大延长了空间站的寿命。"

"这是为什么?"

"因为这样可以实现循环补给,供应会更充足呀。"

"那两代空间站的寿命就不一样了吧?"

"第一代开始大约在半年到一年的时间,当然这不算出故障的情况。后来随着经验的积累,可以达到两年以上。"

"噢,这是比飞船长太多了。那第二代岂不是更久?"

"是的,像'礼炮6号'在太空待了4年零10个月。"

"哇,太厉害了。那航天员是一直呆在空间站上吗?"

"不是的,一般隔一段时间会换一批。比如'礼炮6号'吧,一共有33名航天员在上面工作过,接待了18艘'联盟飞船'。"

"那'礼炮号'上一直会有人吗?"

"也不是,很多时间是没有人的,比如'礼炮6号'在近5年的太空运行中,累计有人居住的时间是676天。"

"那是为什么呢?"

"因为很多实验不需要人一直待在那儿,只要启动了就可以了。另外,人究竟在太空能健康地待多久还不太清楚,所以还要慎重。"

这倒是,可能我太着急了。小明想,航天员可是"稀有珍贵品种",还是谨慎点好。看来科学是得要循序渐进。

"还有,如果人在太空居住的话,成本会很高,因为要不断地补充基本生活物资,要频繁发射飞船来运输。"

"嗯。"小明点点头,心里想,原来人真的好麻烦,怎么在地面不觉得会有这么多事情。

小明开始琢磨,人一天要吃三顿饭,要睡觉、上厕所,还要洗澡……这些都是最基本的,这还不算生病的情况。要是时间长了,还会觉得闷,得有娱乐活动,看书或者听音乐……哎,真的很麻烦。对了,三顿饭还不能天天一样,要不然也烦死了……

三、"礼炮"的贡献

"即使是一些非常基本的生活必需品,我们平时可能根本感觉不到,也是需要从地面带到太空上的,不然航天员就生存不了。"

"比如水。"看到小明有点疑惑,教授说出了一个答案。

"哦!连这也要带!那真是太麻烦了。"小明确实没想到,因为在生活中这也太不起眼了……不过,看来太空真的什么都没有。小明对太空环境的体会又加深了一步。

"世界上第一个空间站,就是'礼炮1号',是1971年4月19日发射成功的。"教授的话把小明的思维拉回到现实中。

真够快的,加加林上天10年,人类就能在太空长期工作了,小明想。

"'礼炮号'上做了很多的科学实验吧?"

"是的,据我所知,仅'礼炮1号'就有7个工作台,除了控制空间站外,还用来做各种实验。"

"有哪些实验呢?"

"这个可就多了,航天员在太空的微重力环境中做了金属的冶炼融化、晶体生长、动植物生长、天文观测、对地观测、生物医学等实验……"

"先说金融冶炼吧。"看到小明充满疑问的表情,教授开始仔细介绍。

"'礼炮6号'上有一个电加热炉,形状有点像瓶子,能自动控制温度和时间。"

"因为太空中独特的微重力环境,这个电加热炉可以加工出半导体材料的单晶体、金属合金和化合物,其中一些工艺,在地面是做不到的。"

小明听明白了一点,就是有些材料只能在太空中做出来,因为太空中有微

"神舟"飞船搭载的蛋白晶体

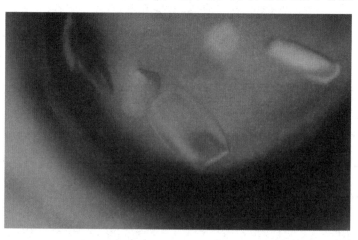

重力环境。不过其他的好像都没太听懂。"什么是化合物?还有单晶体?"

"别着急,这些你上了高中就都明白了。"教授笑着说。

"除了金属的熔炼,航天员还在礼炮号上进行了切割、焊接等工艺试验。"

"就像工地盖楼的时候那样? 戴着个面罩?"小明想起2008年奥运会前学校附近建筑工地施工时的情景。

"差不多吧。就是那个意思。"

"那'礼炮号'上的植物生长实验都有什么?"小明觉得这个比较有意思。

"航天员在空间站上培植了兰花。"

"哦?"小明听妈妈说过,兰花挺娇贵的,很难种植。"那结果呢?"

"长得很好,而且还开花了。"

"太好了,"小明可高兴了。"那动物实验又是什么?"

"主要做了小动物的实验。"

"什么小动物?怎么做的呢?"小明有点兴奋。

"蝌蚪。"看到小明兴奋的表情,教授继续说。"主要是观察和记录。"

"后来呢?"

"小蝌蚪一开始上下翻滚,辨不清方向,有点着急。后来就没事了。"

小明皱着眉头,开始深思。

"小明觉得这个实验能说明什么?"

"嗯,说明小蝌蚪能习惯在太空中的生活。"

"对。首先说明太空的失重环境对小蝌蚪是有影响的,但也证明了小蝌蚪经过一段时间是能够适应并且继续生存下去的。"

"嗯。"小明点着头,心里想,小蝌蚪真聪明。

"教授,对地观测是什么?趴着窗户看地球吗?"

"呵呵,对地观测是通过相机对地球进行拍照。"

"那有什么用呢?"

"这个作用可大了。"教授解释道。"我们平时都是在地面上看,因为高度的限制,看不到全貌,只能看到一部分。"

"我明白了,有点像'井底之蛙'。"

"对了,就是这种感觉,每次只看到一小块,这个观测的量就太大了,而且每块之间还有重合的问题。"

"是够难办的。"

"从太空观测就不一样了,不但景色壮观,还可以用很短的时间对地面、山脉、飓风乃至整个地球进行大面积的观测。"

小明点点头。

"比如'礼炮6号'从1977年到1981年,就拍了5万多张地面照片,覆盖了4860万平方千米呢。"

"好大啊。相当于5个中国那么大!"小明立刻算了一下,吃惊地说。

"如果在地面上,这项工作起码要做几十年。这就是太空中'高'的好处。"

"站得高,看得远?"小明突然想起了这句话。

"对。"教授接着话锋一转。"对地观测的结果可以用在好多方面,比如气象、森林、海洋、土地的测绘,甚至军事。"

"这个我知道。就是能看清别的国家的国土上都有什么,比如机场里有几架飞机。"小明想起了看过的好莱坞大片。

"是的,只要分辨率足够高,可以从太空看清地面上的车牌号码。"

"哇,好厉害!"小明感叹道。

"那天文观测呢,不都是往太空上看吗?那为什么要在太空做?是因为离得更近了吗?"

"这个不是主要原因。"

"那是为什么?"

"你知道,地球是有大气层的。"教授停了下来,没有继续说,而是看着小明。

"我明白了,大气层里有灰尘,会影响观测效果。"得到教授的启发,小明反应了过来。

"对。不过不只是这样,大气本身就像是一个大的透镜,遥远的太空传来的图像经过大气层后会'变形'。"

"就是说看到的不是原来的那个样子了?"

"是的。而且大气的变形情况还和温度有关,所以每次看到的还都不一样,造成了观测的不稳定。"

小明不停地点头,突然间想到了"海市蜃楼"。

"看来'礼炮号'上还真做了不少科学实验呢。"

"其实这些实验还只是一部分。"

"那还有什么?"

"还要开展空间站自身的运行试验,检验设计的合理性,为后续完善记录数据。"

"具体做些什么呢?"

"观察并记录空间站上设备的工作情况,进行飞船与空间站的对接,在太

■　从太空观测到的飓风

空中进行机动……"

"就像汽车出厂前要做好多试验那样吗?"

"是的。"教授继续解释道。"比如'礼炮4号'就与不载人的'联盟20号'飞船进行了自动对接试验。"

"自动对接!不用人控制?"

"对。"

够厉害的。小明想到了最近奥迪推出的自动泊车系统。不过那只是在地面上,是个平面。太空中可是立体的,而且速度又快。小明有点不敢想下去了。

"对接系统对空间站来说是非常重要的,必须反复试验。"教授举了个例子,

"'礼炮1号'的第一次对接就失败了。"

"啊?那里面的人怎么办?"

"当时是与'联盟10号'飞船对接。不过专家们在设计之初充分考虑了风险,所以空间站最初是没有航天员的。航天员要先坐在飞船里,再通过对接进到空间站里面。"

小明长长地出了口气,要不然可太危险了,他想。

回家的路上,小明突然想到,用轨道联合体的方式运行,是不是也怕对接机构出故障呢?那样的话航天员就回不来了……

四、了不起的"和平号"

在去教授家的路上,小明边走边想,上次讲了"礼炮号"空间站,这次应该讲更厉害的了,不知道是什么?

"教授,'礼炮号'后面该是什么呀?"一见面,小明就兴冲冲地问道。

"咦,小明怎么知道今天要讲的内容呢?"教授笑着反问了一句。

"嘻嘻。我知道,科学吗,要先试验,然后改进,这个叫循序渐进。"小明自豪地回答。

教授点了点头,十分欣慰。因为小明不止学到了太空知识,更重要的是明白了科学发展的逻辑和精神。不过他又补充了一句,"还要勇于探索。"

小明点点头,继续兴奋地望着教授。

"我们今天看看苏联最成功的'和

平号'空间站。"

"'和平号',这个名字不错。"小明刹那间想起了周星驰电影中那句神圣的台词——"维护世界和平"。

"'和平号'是'礼炮号'的后续计划喽?"

"一开始也不全是。"

"哦?"小明有点诧异。

"'礼炮号'之后,苏联制定了多个分散的计划,'和平号'还只是其中的一个,后来才把这些计划逐渐合并,并重新设计了'和平号'。"

"为什么会这样?"

"因为每个计划都有独特的优势和技术,需要把这些统筹起来。"

统筹,综合起来统一考虑的意思,

语文老师倒是讲过。小明第一次觉得这个陌生的大人世界里的词离自己近了许多。

"那'和平号'一定很先进了。"

"是的,'和平号'空间站是第三代空间站,也是世界上第一个长久性空间站。"

"长久性空间站?比'礼炮6号'的寿命还长?"

"是的。'和平号'只有一个,是1986年2月20日发射的,它实际运行了15年。"

"这么长!真了不起!"小明感觉心跳的速度突然快了起来,连呼吸都有点急促了。这时他看到"和平号"的图片。

"好复杂呀?感觉好像有很多个舱。"

"是的,'和平号'空间站是第一个采用多舱结构的空间站。"

"多舱结构?"

"就是有多个舱的意思。"

"早期的'礼炮号'空间站就像是'一居室',后来的'和平号'就变成了'多居室'。"

"换大房子了,那能多放好多东西了。"小明想起前年搬家换大房子时全家喜气洋洋的气氛。他那时高兴极了,因为

■ 和平号空间站

自己终于有了独立的房间,里面有书柜和电脑桌,可以放很多自己喜欢的东西,还可以高兴的时候躲在里面尽情幻想,或者邀请小伙伴来一起玩。

"那这个房子,不是,是'和平号'有多大呢?"

"'和平号'总长87米,重123吨,内部空间总共有470立方米。"

小明的眼睛和嘴巴随着教授说出的每个数字而越来越大。

"我的妈呀!"小明喘了口气。"简直像一个'别墅'了!"

"那'和平号'一共有多少个舱呢?"

"6个舱,分别是核心舱和另外5个专业实验舱,还有1个对接舱。"

"是不是有点像'非常6+1'呀。"看到小明在用心地听,教授笑着说。

小明乐了,教授还挺幽默的。

"教授,为什么'和平号'要有这么多个舱呢?"

"这么说吧。在'礼炮号'空间站上,由于是'一居室',所有的仪器设备只能挤在一起。这样设计以后呢,空间站结构简单,容易实现,造价也比较低。"

"我知道了,就是要快,好抢在美国人之前上太空。"

"有这个意思。"教授解释道。"但'礼炮号'的缺点也十分明显,空间较小,不容易扩展,这就限制了实验的规模。"

"比如仪器设备很难合理地布置,还会互相干扰,而且出故障时修理或更换起来也很困难。后来就把不同种类的设备做成了独立的舱。"

"那核心舱是最关键的,对吧?"

"对,它是'和平号'的基础,能提供基本的保障,和我们的房子一样,有卧室、餐厅、卫生间、实验场地,能提供电力,甚至有健身设施。"

噢,小明心里想,这样的话就能在太空生活了。

"核心舱在整个空间站靠中间的位置,一共有六个对接口。"

"六个对接口!"小明有点吃惊。

"是的,这样才能接纳其他的实验舱呀。"

"那为什么还有一个专门的对接舱呢?"

"那是与航天飞机对接用的。"

"因为美国和苏联的对接机构采用了不同的设计,不能通用,所以要专门设计一个对接舱。"看到小明脸上的困惑,教授连忙解释道。

"核心舱有多大呢?"

"长13米,最大直径4.2米,重20吨。两个大太阳电池板有近30米长,能输出9千瓦的最大功率。"

相当于整个"礼炮号"空间站了,而且太阳电池板这么大个儿,小明想,怪不得能做"核心"呢?

"对了,教授,既然核心舱里什么都有了,那5个实验舱不是没什么用了?"

"实验舱的主要作用就是开展不同的科学实验,有点像地面的办公室,主要用来工作。"

"实验舱和实验舱都不一样吧?"

"这些实验舱统称'量子舱',其中

'量子1号舱'又叫天体物理舱,主要开展天体物理实验;'量子2号舱'又叫服务舱,里面有太空行走的气闸舱和许多天文观测和对地观测设备;'量子3号舱'又叫晶体舱,主要进行微重力材料实验。"

"这些都是1990年以前由苏联发射的。"教授停顿了一下。"后来苏联解体,俄罗斯继承了'和平号',但直到1995年才陆续发射了光谱舱、自然舱和专用对接舱。"

小明点点头。

"专用对接舱在哪里?"

"在晶体舱外面。"

"对了,教授,您说'陆续发射'?"小明突然想起这个问题,"那'和平号'肯定不是一次发射的吧?"

"当然不是。"教授说。"是多次发射后在太空中组装起来的。"

"就像搭积木一样。"教授又解释道。"这保证了'和平号'能不断地'扩展'。"

"嗯,这个好玩。还是这个先进,比'礼炮号'先进。"

"最开始发射核心舱的时候,组建工作还是相当繁忙的。"

"哦?"小明马上来了兴趣。

■ "和平号"核心舱上的多个对接口

"当时'礼炮7号'还在运行。'联盟15号'飞船先飞到'和平号'上,把之前其他飞船送来的物资卸下来,然后控制空间站追赶'礼炮7号',再飞到'礼炮7号'上,把上面400千克的仪器设备搬到'和平号'上。"

"哇,一艘飞船访问2个空间站。真

厉害。"

"是的,在航天员去搬设备的时候,还发射了一艘无人'联盟'飞船同'和平号'进行了自动对接试验呢。"

利用得好充分呀,这时间一点都没浪费啊,小明想。

这时教授端来了咖啡。

五、巨星陨落

喝咖啡的时候,小明对教授说,"'和平号'真的好大呀。"

"是的,不过你还没有看到'和平号'与航天飞机对接在一起的样子。"

"那就更大了!"

这时,教授拿出了"和平号"与航天飞机对接的图片。

真够壮观的,小明心里想。

"整个复合体的总重量是249吨。"

好家伙!小明不禁直吐舌头,这可是在太空中呀,组装这么个大家伙,得费多少工夫呀!

"教授,您跟我说说'和平号'与航天飞机对接的事吧。"小明央求道。

"这个过程分成了两步,由两架航天飞机分别完成。"

"哦?"

"首先,'发现号'航天飞机在1995年2月6日逐渐靠近'和平号',一直到距离11.3米远的地方。"

这么近啊,小明想,这可是两个在太空高速运动的物体啊,比两架飞机接近更难。

"随后,6月29日'和平号'空间站与'亚特兰蒂斯号'航天飞机首次对接成功,美俄航天员在太空见了面。"太好了!但是为什么不一次完成,而要分成两次呢?"

"因为两个航天器都太大、太重了,太空中的速度又很高,任何轻微的碰撞都会造成难以挽回的损失,所以要十分谨慎。"

小明点点头,对呀,一旦出问题损失就太大了,小明不敢想下去了。

"再后来的对接中还创造了一项记录。"

"什么记录?"小明好奇起来。

"航天飞机第三次与'和平号'对接后,美国女航天员露西德进入'和平号',并在太空停留了188天,创造了妇女太空飞行的新记录。"

"这么久!"小明激动地问,脸上充满了佩服的表情。

"那,还有待的时间更长的吗?"

"当然还有。"

"最长的是多久?"

"是俄罗斯航天员波利亚科夫,他创造了单人连续在太空停留438天的最高纪录。"

"天哪!一年多。这也太厉害了吧。"小明唏嘘不已,心里十分敬仰航天员惊人的意志和耐力。

"这也证明了人类是可以适应太空生活的。"

小明不断地点着头,表示非常同意。

"除了这个,'和平号'一定还有很多成果吧?"

"是的,'和平号'一共绕地球飞行8万多圈,行程35亿千米,进行了2.2万次科学实验。"

"这么厉害!"

"是的,这可不像是在载人飞船或者'礼炮号'那样的小型短期航天器中那样,只能做有限数量的实验,这回的规模要大多了。"

"那得让飞船送很多补给吧?"

■ "和平号"与航天飞机对接形成的轨道复合体

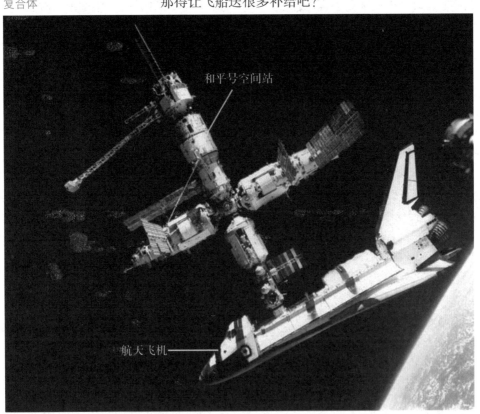

和平号空间站

航天飞机

"对。一共有93艘飞船与它对接，还有9次与美国航天飞机对接。"

"哇!这可真多!"

"对。'和平号'上进行了大规模的实验，包括生命科学实验、空间材料学和医学实验，取得了极为宝贵的成果和数据。还拍摄了大量恒星、行星的照片，进行了基本粒子和宇宙射线的探测，大大扩展了人类对宇宙的认识。还有，它尝试了从太空预报地震、火山爆发、水灾及其他自然灾害的可能性。"

听着这些数字，小明除了感叹，还是感叹。

"还研究了航天员飞行后恢复体力的方法。"

"恢复体力?"

"是的，航天员长时间在太空工作和生活后，回到地面是会不适应的，比如肌肉会萎缩，神经系统也会不适应，体力会比较弱。"

"噢。"小明点点头，想起了爸爸坐飞机从美国回来后倒时差时无精打采的样子。

"不过'和平号'也是苏联太空科技发展的顶峰。"

"顶峰?就是说后来就不行了?"小明疑惑地问。

"是的，'和平号'发射5年后，苏联就解体了。"

小明想起教授刚才说的后面几个舱发射推迟的情况，他记得老师曾经说过，苏联解体时经济状况很差，很多人生活很艰难。

"那时候苏联为什么还有钱发展'和平号'呢?"

"太空科技是苏联的骄傲，所以是国家重点支持的项目。"

"即使如此，'和平号'在开始仍然遇到了经费紧张的问题。"教授话锋一转。

"哦?"

"因为之前苏联为了与美国竞争，摊子铺得太大了，当时还搞了'暴风雪号'航天飞机。"

够厉害的，小明想，什么都搞。

"那后来呢?"

"后来停掉了'暴风雪号计划'，专心搞空间站。"

小明隐隐觉得至少这样的选择是正确的。

"不过，由于'和平号'的规模实在太大，当时苏联财力已经难以承受，所以后来在世界上到处找资金来支持。"

"怎么找呢?"

"就是国际合作呀。"

"因为当时只有苏联拥有空间站，其他国家要想进行长期研究，或者搞实验，就只有借用苏联空间站这一个选择。"看到小明不明白，教授继续解释道。

"所以苏联就用这个来收钱。"

"对，有点像租房子，只不过这次租的是空间站上的空间，还有往返接送的'机票'。"

"那以前没这样做吗?"

"之前太空科技可是高度保密的。"

"那合作的国家多吗?"

"还是很多的。因为太空有巨大的价值，而且很多国家也想现场看一看苏联的科技水平到底有多强。"

"那有多少国家到过'和平号'呢？"

"先后有28个长期考察组和16个短期考察组在上面从事考察活动，共有12个国家的135名宇航员在空间站上工作过。"

"这么多，真是一支'多国部队'呢。"小明感叹道。

"是啊，就连美国也参与其中。"

对呀，航天飞机不是也访问了"和平号"吗，小明恍然大悟。

"不过'和平号'最终还是难逃厄运。"教授突然语音沉重起来。

小明从教授的语气和神色中感到了唏嘘的味道。

"不是那么多国家都支持了吗，包括美国？"

"是的，不过'和平号'已运行多年，很多设备都已经老化了。"教授叹了口气，继续说，"'和平号'在15年的服役期间，发生了大约2000处故障，而且其中近1000处故障一直未能排除。"

"这么多故障。严重吗？"

"嗯，比如空调经常'闹毛病'，有时舱内的局部温度会达到53摄氏度。"

"那不是比赤道地区还热？"

"是啊，这就会严重影响航天员的工作和生活。还有就是空间站上的蓄电池也曾有过2次异常放电，使'和平号'局部停电，而且与地面短暂失去联系。"

失去联系，小明马上想起"马航"

MH370失联的事件，那地面得多着急呀！

"另外还有一些是人为引起的，比如 1997年6月与飞船的一次对接中，飞船撞上了'和平号'，这是航天史上最严重的碰撞事故，造成了严重的空气泄漏和太阳电池板损坏。"

"啊，那怎么办呢？氧气不会都漏光了吧？"

"幸亏当时航天员及时堵上了漏洞，不过光谱舱上留下了一个洞。"

"那还是很危险吧？"

"对。后来为了安全，关闭了通往光谱舱的通道。"

"这样才好。"小明莫名其妙地在心中默念起阿弥陀佛了。

"'和平号'上甚至发生过火灾。"

这次小明更吃惊了。

"那是在1997年2月，空间站上的自动制氧机出现了故障，站上的3名宇航员只好用高氯酸锂来手动制氧，结果制氧设备突然破裂，引起火灾。"

"啊？严重吗？有危险吗？"小明虽然问了，却有点担心会听到难以接受的答案。

"大概燃烧了90秒，空间站上到处都是烟雾，航天员们甚至戴上了防毒面具。"

燃烧了90秒，还好，就是说后来灭了，小明心里想。

"那些烟怎么办？总不能老戴着防毒面具吧。"小明着急地想，又不能开窗，否则氧气都跑光了。

"幸好站上的空气过滤系统性能

"和平号"上被飞
船撞坏的太阳电池板

很好,六七分钟就把浓烟抽光了,没有给航天员带来更大
危害。"

"噢,太好了。不过万一这两次事故没有顺利解决怎么
办呢?"

"那就只好放弃空间站,让航天员坐用来疏散逃生的飞
船回来。"

是啊,人的生命总是最重要的,尤其是航天员,多珍贵呀。

"可是最后,'和平号'还是被放弃了,是吗?"小明不无
惋惜地问道。

"是的。2001年3月20日,'和平号'最终坠落在了南太
平洋。"

太可惜了,小明在回家的路上心里想,要是能继续运行
就好了,说不定我以后能上去看看呢……

六、"太空货车"

"今天我们聊点不一样的东西。"见到小明,教授说。

"哦?"小明马上好奇起来。

"我们说说太空货运系统。"

"货运系统?咱们不是一直在说载人航天吗?为什么又
说起货运来了?"小明有点不明白。

"因为载人航天是离不开货运系统的。就像我们的生活

离不开快递一样。"

快递，对呀，这个必须得有。小明有点明白了。

"还记得之前讨论的载人飞船吧？"

小明点点头。

"它的主要作用是运输工具——飞往空间站的乘员运输工具。"教授说，"但有些时候，只需要运送货物，就不用设计得那么复杂了，对吧？"

小明继续点头。

"货运飞船就像一辆太空货车，给空间站送去补给物资。它只需要货舱和设备舱。"

"就是说，空间站有两种运输工具，一种是载人飞船，用来运人；另一种是货运飞船，用来送货。"小明主动概括了一下。

"总结得很好。这就是一个完整的'天地往返运输系统'。"

"不过，用来运人的可不止是载人飞船哟。"教授提醒道。

"我知道，还有航天飞机。"小明连忙补充。

"那这个货运系统都有什么呢？"

"主要还是苏联及后来俄罗斯的'进步号'货运飞船。"

"又是苏联先搞的？"

"对呀。因为苏联有空间站，就必须解决人员和货物运输的问题，要不然空间站可要'断水断粮'了。"教授笑着说。

■ 飞向空间站运送补给的"进步号"货运飞船

太阳电池板

货舱

设备舱

小明也乐了,记得有句什么"兵马未动,粮草先行"的话来着,看来补给确实很重要。

"那'进步号'是从什么时候开始使用的?"

"其实从'礼炮号'空间站时期就开始用了。还记得第二代'礼炮号'有两个对接口吗?"

小明连忙点头,"是的,是'礼炮'6号和7号。"

"对,这就增加了接待能力。'礼炮号'经常会同时对接一艘'联盟号'载人飞船和一艘'进步号'货运飞船,一起运行。"

"轨道复合体?"

看到教授肯定的表情,小明心里想象着那样的情景,一定很有意思。"不过,'进步号'怎么和空间站对接呢?没有人控制呀?"

"还记得'礼炮4号'与不载人的'联盟20号'飞船进行的自动对接试验吗?"

"噢。原来那时就已经做好准备了。"

"是的。'进步号'飞船可是发挥了重要的作用呢。记得'和平号'空间站一共对接过93艘飞船的事情吧?"

小明点着头,不明白为什么教授说起这件事。

■ "进步号"飞船前端的对接机构

"其中有62次是与'进步号'飞船的对接。"

"原来是这样啊!"小明脱口而出。"就是说,'进步号'飞船发射的次数比联盟号多两倍。"

"差不多吧。基本是这个比例。"

"教授,有个问题我不明白。'进步号'货运飞船上没有人,那对接之后,货物是'自动跑到'空间站上的吗?"

"那倒不是,是人搬上去的。"

"因为空间站上有人。尤其是到了'和平号'的时候,长期载人能力已经很强了。"看到小明脸上的疑惑,教授连忙解释道。

小明想起了在'和平号'上停留一年多打破纪录的航天员。

"那用人搬运的话会不会太累了?"小明真的很心疼航天员叔叔和阿姨们。

"也不会,因为太空失重的状态下,货物会很轻的。而且这也是实验和体力锻炼呢。"

"那一般都运些什么货物呢?"

"主要是实验设备、燃料、水和食品,这些必须定期送到空间站上。"

小明连忙点头,没有水和食物,航天员可要出问题了。

"食品不会坏吗?"

"是放在特制容器中的,可以在几个月内保持不变质。"

"那为什么要运送燃料?空间站不是在天空中不用回来吗?"

"那也需要燃料。因为200~300千米的轨道,还是有一定稀薄的空气的,会形成阻力,从而使空间站的速度降低。"

"速度降低了是不是就掉下来了?"

"那倒还不至于,但是轨道高度会缓慢下降,时间太久了可能会掉下来。"

"所以要用燃料加速?"

"主要是抬升和保持轨道高度。而且当空间站燃料注满后,一般是用'进步号'中的剩余燃料来抬升轨道。"

"会升起来多高?"

"这个可不一定,根据当时所处的高度和'进步号'剩余的燃料情况。有时候几百米,有时候十几千米。"

"对了,教授,'进步号'能装多少货物啊?"

"大概2.6吨,包括带1吨燃料。"

"噢。那还不少。"小明不断地点头。"它送的东西有意思吗?"这个小明很感兴趣。

"这个嘛。"教授想了想,"曾经给'和平号'送过9条蝾螈和120只蜗牛。"

"哈哈!送这些干什么?"小明乐了起来。

"用来做动物的太空失重实验。"

"噢,明白了。还有吗?"

"灭火器和制氧机。"

小明想起上次教授说的'和平号'上的火灾,对了,就是使用制氧机时引起的。

"就是说空间站上的氧气是制氧机放出来的,对吗?"

看到教授肯定的表情,小明想,这个太重要了,确实要赶紧补充。

"对了,教授,'进步号'是什么样

子的呢?"

"'进步号'有仪器舱和货舱,货舱容积6.6立方米。"教授拿出了照片。

"和'联盟号'很像嘛。"

"没错。'进步号'就是根据'联盟号'改造的,可以认为是'联盟号'的不载人版本。"

"主要区别是什么呢?咦!没有返回舱!"小明突然睁大了眼睛。

"对,因为送完货任务就完成了,不需要返回。"

"那就一直对接在空间站上吗?不对,那样别的飞船就没法对接了。"小明自问自答起来。

"'进步号'飞船一般可飞行四天,与空间站对接后,飞行时间可达两个月。之后脱离空间站,在大气层中坠毁。"

"太可惜了!"小明感叹道。"'进步号'对接在空间站上那么久,都有什么用呢?"

"'进步号'里还有剩余燃料,而且还在发电。"

对呀,小明拍了下自己的脑袋,怎么把这个给忘了。

"还有一个巧妙的作用。"教授神秘地说。

"那是什么?"小明睁大了眼睛。

"就是充当空间站的垃圾箱。"

"那怎么处理那些垃圾呢?"

"不用处理呀。在'进步号'坠落大气层的时候就一起烧毁了呀。"

"噢,这个还真巧妙!"

"是的,正因为有了货运飞船,空间站的寿命才会大大延长,航天员也才能长期驻守,才能进行更多的科学实验。"教授总结道。

晚上睡觉的时候,小明梦见了那些蝾螈和蜗牛,在太空中,它们更加自由了……

七、"天空实验室"

"好了。今天我们再回到空间站上来。"教授看到小明,笑着说。"不过上次也不算跑题呀。"

"不算不算。"小明心里想,货运飞船可真的很重要呢。

"那今天我们讲什么呢?"

"你觉得呢?"

"嗯。"小明认真地想了一会儿,"我觉得该说说其他国家,比如美国的空间站了吧。"

"为什么呢?"

"因为'和平号'的时候,苏联就解体了。俄罗斯经济又不好,估计也没有后续的空间站了吧?"小明并不肯定,不过他觉得自己的推断很合理。

"那为什么是美国的呢?"教授继续问道。

"因为当时只有美国比较有实力,而中国的'天宫'是后来才发射的。"

"你说得非常好。"教授赞许地拍了

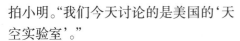

拍小明。"我们今天讨论的是美国的'天空实验室'。"

"'天空实验室'。这个名字不错。"

"噢。对了,教授,'天空实验室'怎么看起来只有一个舱?"看了图片,小明问。

"差不多吧,主要就是轨道舱,只不过分成两层,分别是实验间和生活间。"

"轨道舱有多大呢?"

"长8.9米,直径6.6米。"

"长度一般,不过比较粗。"

"是的,这样能安装更多实验设备,航天员活动起来也更舒适一些。"

"前面比较细的那段应该也不小吧,是干什么用的?"小明突然想到。

"小明观察得挺仔细。"教授赞许地点点头。"那儿叫'过渡舱'。"

"过渡舱?"

"对。它既是'天空实验室'的仪器舱,也是控制中心。"

"'天空实验室'是美国发射的唯一的空间站。不过它的发射并不顺利,还发生了'事故'。"

听到教授的话,小明心里一沉,他知道载人航天一旦发生事故,可一点都不好玩,可能很严重。他没有问,只是静静地听教授讲,生怕自己"问"出了不希望听到的结果,虽然他明知道结果不会因为他的问题而改变。

"在发射后一分钟左右,'天空实验室'轨道舱的微流星防护罩提前打开,结果被高速气流冲毁,连带损失了一个太阳电池板,另一个也被卡住了。"

"里面……没有人吧?"沉默了一会儿,小明忍不住小声问道。

"没有。"

听到这个回答,小明心里暗暗轻松了一点,感觉胆子也大了点。"这个会有什么影响呢?"

"一个是没法供电了,还有一个就是由于失去对太阳辐射的防护,舱内温度升高到55摄氏度。"

"那怎么办呢?"小明着急地问,这样就没法上人了呀,他心里想,也做不了实验了,不是白发射了吗?

"后来美国NASA被迫推迟了下一次发射,并立即赶制了一顶遮阳帆。"

"用遮阳帆遮阳?"小明霎时间想起了夏天妈妈防晒经常打的遮阳伞。

"对,好降低舱内温度。"这时教授拿出了照片。

"就是那块黄色的东西吧?"

"对。面积差不多有6平方米呢。"

"那电力供应怎么办?"

"后来飞船带着航天员上天,与'天空实验室'对接后,通过太空行走,排除了故障,太阳电池板展开了。"

"供电恢复了?"

"是的,不过只能恢复一半。"

"咦!这个样子好怪!"小明十分诧异地说。"有5个太阳电池板,1个比较大,另外4个比较小。"

"对,大的那个就是出故障卡住后,又被航天员修好的,本来对面还应该有一个的。"

怪不得觉得怪怪的,原来是有点"残疾"啊。

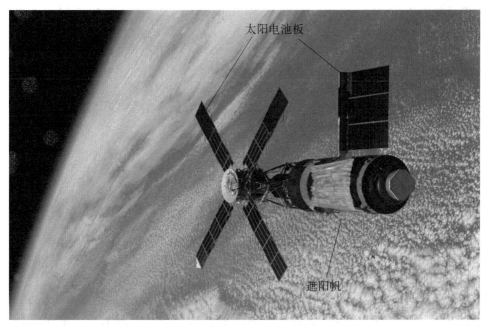

太阳电池板

遮阳帆

■ 带有遮阳帆的
"天空实验室"

"另外四个是'阿波罗'天文望远镜上安装的,它是'天空实验室'上主要的实验设备之一。"

"为什么叫'阿波罗'望远镜?和'阿波罗'登月有关系?"

"你猜的没错。'天空实验室'正是'阿波罗'计划的补充。"

补充?为什么不在月球上。小明一头雾水。

"当时美国已经成功实施了'阿波罗登月工程',获得了举世瞩目的成就和太空地位。"

"但随后他们发现,'阿波罗登月工程'取得的科学实验成果并不多。"

"那为什么?"

"因为'阿波罗登月工程'的重点放在了登月本身,并不能规划太多的科学实验。"

"而当时由于已经实现了载人登月,在太空竞赛中彻底挽回了'颜面',所以开始更加务实。"

"怎么务实?"

"对,就是回头把在近地轨道开展长期科学实验的'课'补上。"

破损的太
阳电池板

出舱维修的航天员

■ 航天员通过太空
行走排除太阳电池板
板故障

"原来美国在'补课'呀。怎么跟我们班同学似的。"小明
乐了。

"是呀。原来美国绕过了这一'课',直接去登月了。"

"所以才有的'天空实验室'?"

"是的。不过'天空实验室'上的硬件主要来自'阿波罗'
计划。"

噢,难怪呢,不光是名字一样啊。

"还有,送航天员到'天空实验室'的就是登月用的'阿
波罗'飞船。"

"真的吗?是这样啊!"小明显得很兴奋。

"那'天空实验室'都有什么成果呢?"

"主要是做了大量实验,跟'礼炮号'、'和平号'差不

多。"教授想了想,继续说。"比较有特点的是天文观测方面。它发现了一颗新彗星,叫'科豪特克彗星'。"

"还有吗?"

"它还观测到了一次太阳耀斑爆发的全过程。"

"拍下来了吗?"

"都拍下来了。"教授这时拿出了一些从太空拍摄的太阳耀斑的照片。小明立刻被震撼了。

"那'天空实验室'的寿命是多久呢?"

"'天空实验室'是 1973 年 5 月发射的,工作到 1979 年 7 月。"

知识卡片:太阳耀斑

太阳耀斑是一种最剧烈的太阳活动,主要特征是:日面上突然出现迅速发展的亮斑闪耀,寿命在几分钟到几十分钟之间,亮度上升迅速,下降较慢。一般认为发生在色球层中,又称"色球爆发"。

一般把增亮面积超过 3 亿平方千米的称为耀斑,其他的称为亚耀斑。

耀斑爆发的机制在于磁力线突然地重新排布,其周期约为 11 年。

太阳耀斑分 A、B、C、M、X 五级,强度依次增加,其中 M 和 X 级耀斑可能显著影响近地太空环境。

太阳耀斑释放的能量相当于 10 万至 100 万次强火山爆发的总能量,或相当于上百亿枚百吨级氢弹的爆炸。耀斑还发射出各种辐射,如可见光外、紫外线、X 射线和伽玛射线,以及红外线和射电辐射,还有冲击波和高能粒子流,甚至有能量特高的宇宙射线。

耀斑爆发时,辐射的大量高能粒子到达地球轨道附近时,会严重危及航天器内航天员和仪器的安全。耀斑辐射还会与大气分子发生剧烈碰撞,使电离层破坏而无法反射无线电波,导致无线电通信尤其是短波通信以及电视台、电台广播受到干扰甚至中断。耀斑发射的高能带电粒子流与地球高层大气作用,产生极光,并干扰地球磁场而引起磁暴。此外,耀斑对气象和水文等方面也有着不同程度的直接或间接影响。

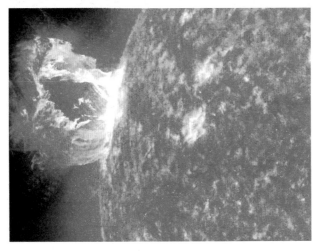

■ 太空观测到的太阳耀斑现象

"6年多?"

"是的。不过原计划再工作几年的，后来出了点意外。"

"又出了意外?!"小明大声叫了出来，心想，这个"天空实验室"可真够多灾多难的。他不禁又担心起航天员来。

"美国原计划等航天飞机研制成功后，带着一个回收舱与'天空实验室'对接的。"

"结果呢?"

"结果1978年和1979年期间，太阳黑子活动频繁，导致大气层膨胀，使'天空实验室'轨道衰减加速，最终坠毁。"

"哎呀，太可惜了。"

"当时场面很壮观，有82千克重的金属块落到地面上。"

"放心吧，没砸到人。"看到小明惊讶又担忧的表情，教授安慰道。

这时，小明不禁想起了好莱坞灾难大片中飞行器坠落的场景……

八、国际空间站

"今天我们来看看世界上规模最大的空间站。"

"是不是国际空间站?"小明马上问道。

"是的。还记得我们前面提到的关于国际空间站的事情吗?"

"嗯，它是美国和俄罗斯、欧洲联合造的……像航天飞机一样有机械臂……还有就是用飞船和航天飞机运送航天员和货物……"

"不错。小明学得很用心。"教授表扬道。"国际空间站是第一个多国合作建设的大型空间站，除了美俄、欧洲11国外，还有加拿大、日本和巴西参与，一共有16个国家。"

"这么多?怪不得叫'国际空间站'啦。"

"对。不过一开始并不叫这个名字。"教授说。"最初的名字是叫'自由号空间站'。"

"自由号"，这个名字挺不错的，小明心里想。

"那为什么要改名呢?"

"是因为俄罗斯加入的缘故。本来'和平号'空间站后续曾有'和平2号'的计划，但限于经济形势，已经不可能实现了。"

小明点了点头，他在网上看过苏联解体时期人们苦难的图片，很多军人没有收入，在街上变卖自己的荣誉勋章，真是挺惨的，小明心里庆幸，自己的国家没有变成那样子。

"而当时美国已经实现了载人登月和航天飞机计划，在太空竞赛方面已经成功挽回败局。"

小明开始回想：第一艘载人飞船……第一次交会对接……第一次太空行走……第一个空间站……这些都是苏联开发的，也难怪美国着急。

"这时候美国发现俄罗斯的空间站

技术既领先,而且很成熟,但缺乏资金,双方就开始合作了。"

"那它们不用'竞赛'了吗?"

"苏联解体后,美国就成了唯一的超级大国,也就没必要竞赛了。"

"噢。那这个名字是怎么来的呢?"

"本来一开始叫'阿尔法空间站',不过俄罗斯反对。"

"阿尔法?"

"就是希腊字母中的第一个字母,代表第一个的意思,所以俄罗斯不同意,才有了国际空间站这个名字。"

那当然了,第一个空间站是苏联的"礼炮1号"嘛,小明想,要是我也肯定不同意。

"怎么没有中国?"

"当时冷战刚刚结束,中国与西方国家的合作机会还不多,尤其在敏感的太空技术方面,不过将来可能会有的。"

嗯,真可惜,不然的话我们说不定能发展得更快呢,小明想。

"国际空间站的结构是什么样的?"

"比较先进,这个空间站采用了桁架式的结构。"

"桁架式结构?也是多舱的吗?"

"对。比如'和平号'的结构是在核心舱的基础上一个接一个对接在一起,有点像堆积木一样,所以叫积木式。桁架式就是先有一个桁架,作为主结构,然后各个舱段逐个'挂'到桁架上。"

"如果说积木式是原来农村的砖瓦或土坯房,那桁架式就是钢筋混凝土的高楼大厦。"

"那还真是挺先进的。"小明头脑里浮现出学校附近工地施工时先要打桩、固定钢筋后再浇筑水泥的画面。

"不过国际空间站由于俄罗斯的加入,实际上采用的是桁架式和积木式相结合的结构。"

"主要是为了充分利用俄罗斯成熟的经验。"看到小明不解的表情,教授解释道。

"除了桁架外,国际空间站还有很多部分,比如服务舱、功能货舱、实验舱、节点舱、能源系统以及机械臂。"

"怎么一下子多了这么多?"

"因为规模比较大,所以分得更细、更专业。"

"节点舱是起什么作用的?"小明很好奇。

"是连接各舱段的通道,还有就是航天员进行太空行走的出入口。"

"有点像气闸舱?"

"对,节点舱是由美国和欧洲航天局研制的,一共有3个。"

"能源系统是指什么?"

"主要是太阳能电池板以及配套的能量储存、利用系统。"

"其他空间站、飞船上不是都有吗?有什么不一样吗?"

"国际空间站的能源系统是统一设计的,设置在桁架两端,统一给整个空间站供电。"

"噢,"小明又仔细看了看图片,的确显得很整齐有序的样子,大小和角度都很一致,比较起来'和平号'有点乱。

国际空间站能源系统
（统一设计的太阳电池板）

国际空间站桁架

■ 国际空间站（能源系统在桁架两端）

嗯,确实是"高级了","这些太阳电池板好大呀!"小明突然发现。

"它们展开后有72米长,能提供65千瓦的发电量。"

小明吐了吐舌头,想起了好莱坞大片《超验骇客》里面成排太阳能电池板"方阵"的壮观场景。

"功能货舱是什么?"

"功能货舱的名称是曙光号,主要放一些物资,比如燃料、电源等,舱体外有对接口。"

"那国际空间站上核心的是哪个舱?"小明问道。从前面的学习中,小明学到了一些"诀窍"。

"是叫作'星辰号'的服务舱。"

名字都挺好听的,小明想。"那应该很大吧?里面都有啥呀?"

"大约13米长,重19吨。"

"好像跟'和平号'的核心舱差不多。"

教授点点头,继续说:"里面分为过渡舱、生活舱和工作舱,还有1个非密封舱,用来放燃料桶、发动机和通信天线。"

"既然是核心舱,应该有对接口吧?"小明联想到了"和平号"。

"是的,'星辰号'共有4个对接口,能对接载人飞船与货运飞船。"

"教授,教授。"小明突然想到了一个问题,"国际空间站是按什么顺序发射的呢?"

"第一次发射是在1998年11月20日,先发射的是'曙光号'功能货舱,然后是'团结号'节点舱和'星辰号'服务舱,这是第二阶段,又叫初期装配阶段,主要在太空组装空间站的核心基础部件。"

"第二阶段?"小明觉得怪怪的,"那第一阶段是什么。"

"第一阶段其实是准备阶段。"

"怎么其他空间站没有专门的这个阶段?因为是'国际的'吗?"

"这个是比较主要的原因。"

小明心里想,是不是因为都听不懂对方说什么?

"因为在技术、硬件、语言和管理流程等方面,各国差别比较大,需要进行充分交流。其实这一阶段最重要的工作从和平号上就开始了。"

"哦?"小明有点不解。

"还记得'和平号'与航天飞机的那九次对接吗?"

■ 航天员组装国际空间站

小明好像有点明白了。

"那就是在进行技术'匹配性'的验证,同时也让更多的美欧航天员获得在太空长期工作和生活的经验。"

这下小明懂了。"教授,那为什么要设一个初期装配阶段呢?"

"这个阶段可以建成一个承载三个人的初期空间站,这样就具备了长期开展科学实验的基本条件。"

"明白了,后面就可以边组装边进行科学实验了。"小明恍然大悟。

九、太空基地

"对了,教授,发射的时候要先把桁架都一起发射上去吗?"喝完咖啡,小明马上问道。

"不是的,桁架也是随着进度一段一段运送上去的。"

"那国际空间站到底有多大呢?"

"长51米,宽109米,重370吨。"

■ 运输中的国际空间站桁架

装运桁架的容器

运输中的国际空间站桁架

"哇噢！比'和平号'重3倍！"小明真的很吃惊。

"那发射这么大的空间站需要很长时间吧?"小明想起'和平号'的发射和组装就用了10年,就算去掉因为苏联解体中断的原因,也用了5年多。

"差不多十三四年吧。"

"真是个大工程啊!"小明不禁感叹道。"对了,国际空间站上实验舱也有不少吧?"

"目前有六个。"

"目前?"

"对呀,国际空间站现在还在太空中飞呢,以后说不定还会有。"教授顿了一下,继续说。"美国、欧洲、日本各一个,俄罗斯三个。"

"这些实验舱,哪个比较特别呢?"

"美国的'命运号'和日本实验舱。"教授想了想,说道。

又是一个好听的名字,小明想。

"'命运号'是整个空间站中最贵的,耗资14亿美元,上面有41.5万个零部件。"

■ 航天员出舱维修国际空间站能源系统巨大的太阳电池板

好家伙，小明吐了吐舌头。

"日本实验舱的特点是有一个站外暴露平台。"

"咦？那是干什么的？"

"是做一些需要暴露在太空中的实验用的呀。"

小明点点头，这个好像之前还真没有过。

"教授……"

"什么？"看到小明欲言又止的样子，教授问道。

"就是，国际空间站上有没有过……意外事故？"小明想，反正空间站还在太空中飞呢，应该不会有大的灾难。他总有点担心灾难会被他"问"出来。

"这个呀，当然会有。而且要经常通过航天员出舱来进行维修。"

看着教授轻松的表情，小明心情也不那么紧张了。

"就在2013年年底时，空间站上的冷却系统出过故障。"

"那航天员和仪器设备怎么办呀？"小明着急起来。

"还好，当时关闭了一些不太重要的设备，这样压力小多了，幸好上面有两套冷却设备，只是一套出了问题，航天员也都没事。"

"上面有几个人呢？"

"当时有六个。"

小明感到有点心有余悸，有点不敢再问了。

"时间久了有小故障也很正常。"看到小明的样子，教授安慰道。"就像我们的汽车、房子里的设备一样的。"

"比如你的电脑会中病毒。"

"国际空间站上的电脑也中过病毒吗？"小明好奇地问。

"至少中过2次病毒，一次是2008年，宇航员带了一台笔记本电脑飞往国际空间站，后来发现电脑被W32.Gammima. AG蠕虫病毒感染过，又很快感染了空间站内的其他笔记本电脑。"

"第二次是去年11月，本来病毒在地面的笔记本电脑上，后来通过优盘'跑'到了国际空间站。"

"影响大吗？"小明怯生生地问。

"还好，都只是单台电脑，没有感染到飞船的控制系统。"

"我们说说国际空间站上一些好玩的事情吧。"教授说。

"哦，有什么？"这下小明心情好了起来。

"比如'国际空间站业余无线电通讯计划'。"

"那是什么？"

"是美国NASA的一个青少年教育项目，主要是给学生们提供一个利用业余无线电，和国际空间站航天员直接交流的体验。"

"这么好！能直接和航天员通话？太酷了。"小明一下子兴奋了起来，问题像连珠炮一样。"能问什么问题？在哪问？只有美国学生能问吗？"

"问题必须是关于太空、太空飞行、航天员的太空生活的。"

小明点点头，是啊，时间宝贵，当然

要问这些问题。

　　"是面向全世界的,学校名称公布在NASA、美国业余无线电联盟以及其他一些国际机构的网站上。"

　　"不过必须用英语提问。"

　　小明有点泄气,心里想,看样子老师说得没错,要想学习先进技术,必须要学好英语。小明心中暗暗下决心一定要学好英语。

　　"2006年,国际空间站首次在地球上进行了高清晰度电视直播,还在纽约的时代广场大屏幕上播放呢。"

　　"哦?"能直接看到空间站上的样子,这个挺好玩的,小明想。

　　"这也是人类首次观看到来自太空的高清晰度电视直播画面。"

　　小明想,回家一定到网上找找看。不过,那可能是英文的……

　　"我们看看国际空间站都为太空旅游做了哪些贡献

■　组装完成的国际空间站全景

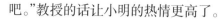

吧。"教授的话让小明的热情更高了。

"2001年，国际空间站接待了世界上第一名太空游客，名字叫丹尼斯·蒂托。"

"我记得。他是坐飞船上去的吗？"

"对，他乘坐的是'联盟号'飞船。"

小明心里想，他可是个大富翁呢，那可是好大一笔费用。要是便宜不了的话，自己太空旅游的梦想可就无法实现了。

"还有2012年，国际空间站第一次接待了商业飞船。"

"我知道，是'天龙号'飞船，而且国际空间站是用机械臂'抓'住它后'放进'对接位置的，跟其他飞船的对接方式不一样。"小明的功课复习得还不错。

"还有波音公司的CST-100飞船、轨道科学公司的'天鹅座'飞船，都是商业飞船，都和国际空间站对接过。而且以后'天龙号'还要进行载人飞行呢。"

小明开始滔滔不绝起来，手舞足蹈地说着。教授边听边赞许地点着头。

"就是说，商业飞船成为了国际空间站的货运体系的一部分，很快还会成为客运体系的一部分。"教授总结道。

小明用力地点着头，心里边盼望着那一天早点到来。

"教授，国际空间站会运行到什么时候？"

"这个还有争议。可能是2020~2030年吧。"

"为什么不再长一点？"

"要看实验进展的情况，还有就是各国的经济情况，你知道美国、欧洲、日本和俄罗斯的经济最近都不太好。"

看来一个国家的综合国力真的是发展太空技术的基础啊，小明心中不禁暗暗感叹，同时也为自己国家实力的增强和太空事业的迅速进步而感到骄傲。

十、别样"天宫"

"今天我们说说还在天上运行的另一个空间站。"

"哦？"

"就是咱们中国的'天宫1号'。"

小明笑了。"我知道，'天宫1号'是2011年9月从酒泉发射的，用的是'长征2号F'运载火箭。它的发射标志着我们国家迈入载人航天'三步走'战略的第二步。"小明像模像样地说，颇有点播音员的味道。

"小明知道的不少嘛，你再继续讲。"教授鼓励道。

"2011年11月，'天宫1号'与'神舟八号'飞船成功对接，使中国成为世界上第三个自主掌握太空交会对接技术的国家。"小明骄傲地说。

"还有，2012年和2013年，'神舟'9号和10号飞船分别与'天宫1号'自动对接成功，航天员进入了'天宫1号'。"小明滔滔不绝。

"那什么是载人航天'三步走'呢？"教授问。

"第一步就是发射'神舟'飞船,掌握载人进入太空和返回的技术,杨利伟叔叔就是乘坐'神舟五号'飞入太空的。"

　　"第二步与'天宫'对接,掌握交会对接技术。第三步是建造空间站。"

　　"嗯,差不多。其实第二步还有一个目的,就是建立一试验性的'空间站',或者叫作'空间实验室',验证短期有人空间站的能力。"教授补充道。

　　"对了,教授,'天宫1号'好像和其他空间站不太一样?"小明说出了心中的疑问。

　　"哪里不一样呢?"

　　"好像小一点,还有就是人在上面的时间短。再就是'天宫1号'还叫什么'目标飞行器'。"

　　"是的,'天宫1号'长10.4米,最大直径3.35米,重8.5吨,只比'神舟'飞船稍大一些。"

　　"对呀,比苏联的'礼炮号'和美国的'天空实验室'都轻。"小明觉得有点奇怪。

■ "天宫1号"垂直转运至发射塔架

"天宫1号"模拟图

"没错,'天宫'系列主要是做试验,验证组建和运行空间站的关键技术。比如'天宫1号'主要验证的是交会对接技术,包括自动对接和航天员手动对接。"

"所以,它作为一个对接目标,让'神舟'飞船去追踪、接近并对接。"教授继续说。"对接之后,这个轨道复合体就可以作为一个短期有人的空间'实验室'了。"

"那这种试验性的空间站的寿命有多长呢?"

"一般不到5年吧,而其他空间站可达5到10年,或者更长,比如'和平号'和国际空间站,都在10年以上。"

"那一般有人的时间有多长呢?"

"试验性空间站上的航天员一般一次在轨时间是几十天,而大型空间站上的航天员可以长期驻留在站上,一次在轨时间往往会超过100天。"

"那是不是就不用带那么多东西了?我是说补给物资。"

"是的。试验性空间站上的燃料和物资一般要一次带够,而其他空间站要用像'进步号'这样的货运飞船或航天飞机往返多次运输。"

"另外,试验性空间站上的仪器设备很少更换,航天员也很少开展维修工作,而其他空间站会经常更换和增加实验设备,航天员也会经常开展维修活动。"

小明边听边点着头,心中的疑虑也豁然解开。

"还有就是试验性空间站对接口比较少。"

"那是为什么?"

"一是不需要多次补给物资,再就是不用进行'扩展'。"

"就像堆积木那样,通过不断对接新的舱,规模越来越大。"看到小明有点困惑,教授补充道。

"小明还记得'天宫1号'的结构吗?"

"这个不记得了。"小明当时只顾得高兴了,没观察这么细。

"是两个舱。"看到图片后,小明说,然后他看到教授继续询问的表情。"应该是仪器舱和轨道舱。"

"是的。只是名称有点不同,我们叫实验舱和资源舱,其实差不多。"

"那个小的是资源舱吧?"小明问。

"为什么呢?"

"因为太阳电池板安装在上面。"

"实验舱有多大呢?"得到教授的肯定后,小明问。

A　B

A　航天员进入"天宫1号"舱内部
B　"天宫1号"舱外实景

"15立方米,能同时满足三名航天员工作和生活。"

"好像有三段?"小明看到实验舱的外部颜色分成了三个部分。

"是的,包括前锥段、圆柱段和后锥段。对接完成后航天员进入前锥段和圆柱段进行工作、训练和生活。"

"那睡觉和锻炼身体也在这里吗?"

"是的,实验舱有健身区。"

"那后锥段呢?"

"这里主要安装再生生保设备,是非密封的。"

"那'天宫1号'还能在太空中待多长时间呢?"

"这个还不好说。不过'天宫1号'很可能会超过设计寿命。"

"超期服役",小明听说过,说明"天宫1号"的质量很好。

"这个时候还可以继续进行各项试验,但为了安全,航天员不会再上去了。"

嗯,这个很应该,小明心想,中国航天员可是"国宝",就像大熊猫一样,可不能出事情。

"那后面还会有'天宫2号'吧?"

"是的,会在2016年前后发射,而且说不定'天宫'1号和2号会同时在太空飞行。"

那可太好了!小明脑海中浮现出中国的两个"天宫"在太空中飞行的样子。

"教授,'天宫2号'与'天宫1号'会有什么不同?"

"'天宫1号'比较特殊,技术验证的成分比较多,而且主要任务是作为对接目标。"

"'天宫2号'会是一个真正的'实验室'了,主要是要突破和掌握推进剂补加、再生式循环系统等将来空间站要用到的关键技术,还会开展更多的应用。"

"那将来我们国家会有自己的空间站了?"

"是的,按照'三步走'的计划,我们会建造一个空间站,预计2022年发射。不过这个要等我们再发射一两个'天宫',取得经验后再建。"

太好了。回家的路上,小明欢快地哼着歌曲,想象着未来中国空间站的样子,也憧憬着自己穿上中国自己的航天服时的神气样子……

第三章

体验神奇的太空

一、走进太空体验舱

水珠在太空中漂浮，随着水的不断加入，小水珠变成了大水球，好神奇呀！在小明面前，王亚平阿姨在演示着水的表面张力的物理现象……小明回过头，家里的电视中正在直播……咦，这是在哪儿呀？小明来不及多想，他的左边传来了物体转动的响声。小明转过头，看到"和平号"的太阳电池板正在徐徐展开……

这时，右侧发出机械结构碰撞的声音，小明赶紧回头，原来是一架航天飞机刚刚与国际空间站完成对接。在国际空间站的另一侧，两艘飞船已经停泊在那里。小明仔细一看，其中一艘飞船形状短粗，嗯，是"天龙号"飞船。另一艘怎么这么眼熟？上面还有五星红旗，原来是"神舟"飞船……啊，不对呀。"神舟"飞船怎么会和国际空间站对接？航天飞机好像已经停飞了！"和平号"不是已经

坠落了吗？王亚平阿姨又去太空授课了吗？不过内容好像差不多呀？怎么还能看到家里的电视呢……

一连串的疑问，让小明越发清醒起来，他突然睁开眼睛，这时他看到了妈妈有点疑惑的脸，"别睡了，该起床吃饭了。"耳边响起了妈妈的声音，由远到近，逐渐清晰，"一会儿该迟到了……"

周末到了。小明在床上一边打着哈欠，一边迷迷糊糊地揉着眼睛，再度回到现实生活中。

最近小明总是梦到教授讲过的各种飞船或空间站，就是不知道在里面的感觉是什么样？这让小明心里痒痒的。

"又是一个特殊的日子？"去卫生间的时候，妈妈微笑着看着他，眼神和表情中藏着莫名的含义，小明有点困惑，不过不去想了，先填饱肚子再说。

吃着妈妈做的可口的早餐，小明想

起了多教授的咖啡和甜点，真是各有千秋呀。不知道爸爸的饭做得怎么样？听妈妈说爸爸煮的咖啡也是不错的，可惜没尝到过。

对了，教授好像说今天的课程要有重大变化，究竟是什么变化呢？想起这些，小明吃饭有点不专心了。他迅速地"解决"了面前的煎蛋、奶酪面包和果汁，扯过一张餐巾纸，快速擦了下嘴，又飞快地跑去卫生间刷了牙，然后一把抓起背包冲出家门，催着爸爸快点开车送他去教授家……

每到周末，教授开门的时候总是有点慢，要过好一会儿，想来也是在睡懒觉吧。想到这里，小明偷偷地笑了，不过觉得有点不好意思，所以每次总是按了门铃后很耐心地等着……

"爸爸，你走错路了！"小明突然发现爸爸这次没有走去教授家的路，而且车已经开了好长时间。

"教授说今天要去个新地方。"爸爸笑着从汽车后视镜里望着小明说。"前面就到了！"看着小明困惑的样子，爸爸安慰道。

汽车转过一个大的弯道，来到一座大桥前。从大桥过去，对面是一座现代化的大楼，很像好莱坞电影《钢铁侠》里"斯塔克工业公司"（STARK INDUSTRIES）的办公大楼。小明真有点兴奋。

让小明好奇的是，桥的这边有停车检查的岗亭，原来这座桥居然是通往对面大楼的唯一入口。

爸爸的车开到桥头，停车杆自动抬

起，里面的人挥手示意可以通过。

居然不用停车检查？爸爸真牛！

汽车直接开进了地下停车场。

"从那座电梯进去，到17层，教授会在那里等你。"爸爸说完，就又开车走了。

其实爸爸不是每次都这样的。有时爸爸会担心小明，经常停好车送他到目的地。不过爸爸好像很信任多教授的样子，送小明见教授的时候每次总是很放心。小明在电梯里想。

电梯很平稳，很快就到了17层。

"是小明吧？"电梯门打开，小明立刻看到一位阿姨，只是她的脸上也戴着一个面具，不过从眼睛里透出了善意的微笑。

"我找多……多……多教授。"小明

■ 令人兴奋的"办公大楼"

赶紧说，一时间也不知道教授的全名是什么。

"多教授让我来接你，我是丽丽阿姨。跟我来吧。"

这个阿姨的声音也有点奇怪，不过小明已经顾不上了，可能教授这里的工作人员都这样吧。

小明跟在丽丽阿姨后面，四周全部是透明的玻璃隔成的房间，宽敞明亮。每个房间的入口和走廊及大厅里，都有监控器，它们跟随着小明的身影在转动，上面的红灯在闪烁。真有点像好莱坞大片，难道自己真的来到了中国的"钢铁侠总部"？小明赶紧挺起了胸膛，给自己增添点气势。

他们走进了一个宽敞的房间。这竟

■ 太空体验区

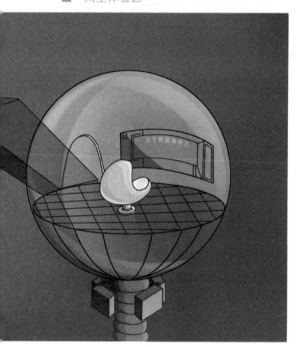

然是一个球型的透明房间。中央是一个宽大、结实的座椅，底部装有大型的三角机械支架和弹簧，正前方是一块巨大的屏幕。座椅需要通过与门相连接的透明通道走过去，像一座桥，房间四周的球型墙壁上布满了屏幕。

"来吧。"丽丽阿姨走到座椅旁，向小明招了招手，指了指座椅。"坐这儿。"座椅上有几个按钮，就在两侧扶手上，小明坐了上去。

这时，丽丽阿姨从座椅背面拿出一个遥控器，按了一下，房间马上开始变暗了，但还有些光亮，小明座椅对面的大屏幕这时亮了起来，上面出现了多教授的样子。

"小明你好！欢迎你来到太空体验区。"教授的声音从房间四周的音箱中传了出来，似乎浑厚了许多。

"教授好！您刚才说这里是太空体验区？"小明的眼睛瞬间睁大了许多。

"是的。就是你所在的房间，就在你的座椅上。"

听到教授肯定的回答，小明高兴得有点不敢相信，幸福好像来得太突然了。

"太棒了。您就在这里工作吗？"

"对呀。这就是我工作的地方。"

小明脸上满是羡慕和敬仰的表情。丽丽阿姨在旁边微笑，递给小明一杯水。

"那我们都在这里……学习什么？"小明有点激动地问。

"这里主要是体验太空中的各种感

■ 中国航天员进行
水上救生训练（释放
信号弹）

受的。当然，这里还有各种音频和视频资料，可以随时播放学习。"

"真的吗?这是怎么做到的?"小明还是有点不敢相信。

"其实这是一台大型的'飞行模拟器'，由许多台电脑和机械、电子、光学设备组成，通过座椅上的传感器、驱动机构，起到模拟太空环境的作用。就像我们在游乐场里一样。"

"航天员也在这里训练吗?"

"这些是比较初级的设备，主要提供基础的感受，航天员还要做更多的专业训练，比如水上救生等。"

"那我们开始吧。"小明有点迫不及待了。

"好吧。Let's go!"

二、发射的震撼

这时丽丽阿姨拿走了刚递给小明的水，用交叉式安全带把小明牢牢固定在座椅上。同时座椅的扶手和底部下面自动翻出几条带子，将小明的手臂和腿也固定起来。

小明感觉自己被五花大绑了起来，可能航天员都必须这样吧。

只见丽丽阿姨拿起刚才的遥控器，走到门口，又按了一下按钮，房间霎时间进入完全的黑暗状态，四周漆黑一片，伸手不见五指。

小明既紧张又兴奋，在黑暗中期待着。这情景像是坐在电影院里，放映前灯光熄灭，等待他喜欢的《变形金刚》或是《魔戒》播放时的感觉。

隐隐的，四周开始出现点点星光，仿佛很遥远，若隐若现；过了一会儿，星光的图景清晰了许多，但依然遥远。噢，某些星体还在运动，有的比较快，大概是流星。"晴朗安静的夜空。"小明脱口而出。

"你说错了。"一个瓮声瓮气的声音传来。这时，夜空中浮现出一个卡通娃娃的头像，白色的轮廓，在夜空中清晰可见，但轮廓的边缘有些模糊飘荡的感觉。从图像上看，刚才的声音就是"他"发出来的。

"你是谁？"

"我是模拟器里的虚拟机器人，是为你进行太空虚拟体验提供指导的。"

瓮声瓮气的声音再次响起。

"你叫什么名字？"

"我叫多多。"

"你也姓多？"

"因为我是多教授发明的，所以叫多多。"

"噢。那为什么你刚才说我错了？"

"阴和晴是地面上才有的天气。在太空中，因为没有空气的流动，所以没有风，也就一直是'安静的'。"

"另外，太空的高度远在云层之上，所以没有云，也就遮不住太阳和月亮的光线，所以在太空中没有'晴和阴'的说法。"

小明点点头，心想，这么小就比我厉害，似乎忘了多多是个"机器人"。

"多多，我在模拟器里都能体验什么呢？"

"太空体验分为两个部分，按照操作顺序依次体验，第一部分是模拟体验，你可以体验到超重、失重这样对人体有明显影响的太空现象。第二部分是多媒体体验，可以模拟观看太空中的日常生活是如何进行的。当然，体验项目还会根据研究进展不断更新。"

"太棒了！真酷！"小明十分兴奋。

"那我们先体验什么？"小明有点迫不及待了。

"我们先从发射体验项目开始。"多多说。"如果在体验中觉得难受，需要

'中断',就按右手扶手上的红色按钮。如果遇到什么'问题'需要解答或咨询,就按左手边的蓝色按钮。如果'确认'某个选择,请按左手边的绿色按钮。"

小明低头看了看。这时,扶手边的按钮发出了红色、蓝色和绿色的光亮,在黑暗中明亮但不刺眼,很像汽车仪表盘在夜晚驾驶时发出的光,而且在抬头时也不影响观看前方的图像。

"准备好了吗?"多多电子化的声音又飘进小明的耳朵。

"好了。"小明使劲点点头。

"提示:在发射阶段,你首先会体验到震动,然后是超重,请做好准备。如果准备好了,请按绿色'确认'按钮。"

超重,小明听说过。他调整了一下姿势,让身体与座椅贴合得更紧密一些,接下来深深吸了口气,再慢慢呼出,感

知识卡片:超重与失重

物体在太空出现重量增加(超重)或重量消失(失重)的现象。其中,失重也泛指零重力和微重力环境。

在地面或空中特定条件下也可出现部分超重和失重的现象。比如飞机的抛物线飞行、物体的自由落体运动、人在离心机中的运动、电梯的快速上下运行等。相对而言,长时间、连续的失重环境在地面难以模拟。

由于人长时间生活在地球标准重力的环境中,一旦进入超重和失重环境,会出现明显的不适应。尤其是失重环境,是进入太空后必须时刻面对的,几乎会影响到人在太空工作和生活的所有方面,尤其是基础的衣食住行。与此相对,超重主要体现在短时间对人体承受能力的考验上。

从生理影响的角度,失重由于作用的时间长,会对人体的血液、肌肉、神经、骨骼、呼吸、免疫系统等造成全面和长期的影响。

■ 航天员聂海胜、张晓光在模拟器中模拟手控交会对接

觉激动的心情平复了一些,座椅也对自己从头部到背腰部再到腿部,形成了很好的包裹和支撑,定了定神,然后按下绿色"确认"按钮,准备迎接模拟的飞船发射和体验超重的感觉。

这时小明面前出现了夜空中矗立在发射台上的长征火箭,火箭旁边的发射塔架上有灯光照射,火箭的图像由远到近,直到小明跟前。

小明觉得自己已经身处火箭发射现场,因为发射塔架上的灯光已经照在了自己的身上,而夜晚的寒气似乎也迎面袭来。

这时,小明听到现场指挥的指令,"现在航天员进入飞船。"

然后,小明感觉自己在慢慢移动,进入到火箭内部,并通过一个通道上升后,进入飞船。

这一定是"神舟"飞船,小明心里想。

通过圆形的飞船舱门,小明进入飞船内部,坐在了航天员座椅上。小明好奇地望着四周隐约可见的各种仪器设备。

这时,小明感觉到座椅突然动了起来,自己的身体似乎被"放平"了,不对是"倾斜"了,反正不是正常的头上脚下的坐着,而且他看到了自己的腿和膝盖。在他眼前的舱内屏幕上,显示着"即将发射"的字样。他忽然感到有点紧张,好像要被真地送往太空了。

他看到的图像分成了两部分,除了布满四周立体空间的飞船舱内的景物外,头上的一块小屏幕上显示着从外部

传来的火箭发射图像,就像电视转播中看到的那样。

很快,舱门关闭,一个声音清晰地传来,"倒计时开始!10,9,8……"

这就是那个在电视中的发射直播声音,小明想。

随着倒计时的数字不断逼近最终时刻,小明的思维凝固了,周围只有倒计时的指令声音和自己的心跳声,他全神贯注地听着计数的声音,忽然间似乎每个数字之间原本很短暂的时间变得很长。当倒计时数到"1"的时候,小明觉得似乎过了足足有10分钟,额头上渗出了一层细小的汗珠。

"点火!"指令发出后,先是短暂的寂静,接下来是座椅突然地剧烈震动起来,像是要把小明颠下去,幸亏小明被结结实实绑在了座椅上。发射屏幕上,"长征2号F"火箭的底部突然喷出巨大的火焰,撞向发射台的地面,吹起大量黑色的烟尘,像洪水般沿着地面迅速铺开。火箭周围的空气被迅速加热形成了热浪,连同火箭强大的推力一起,使屏幕上的火箭发射画面有一种震颤和灼烧的感觉。

大地在震动。似乎过了几秒钟后,耳边才听到发动机巨大的声响,连续不断,塞满了整个夜空。而小明身下的座椅则接连不停地剧烈抖动,向各个方向抖动。小明完全没有办法,他做不了任何事情,只能任由座椅震动。他睁大眼睛,咬紧牙关,绷紧全身肌肉,既兴奋,又有点恐惧和无助。这时他想起了地

■ 小明在体验舱内

震，虽然他没经历过，但似乎就应该是这样的。

　　他看了一眼右手边红色的"中断"按钮。还好，就在那里，闪着红光。小明似乎找回了点信心。

三、比过山车更刺激

　　周围一切都在强烈的颤动中，小明的身体深深地陷入座椅。突然，小明感觉贴着座椅的身体——从头部到背部、腰部再到腿部，都结结实实地压在了座椅上，完全动弹不得。而原本舒适有弹性的座椅似乎变得硬硬的，硌得有些疼。

　　这时他看到了外面屏幕上火箭慢慢地、稳稳地离开了地面，开始上升。耳边火箭发动机的巨大声响依旧，座椅在不停地摇晃，不过这时小明感觉自己根本不用担心会被颠簸下来，因为他已经牢牢地"陷"进座椅里，似乎成了座椅的一部分，随着座椅的节奏震动着。

　　小明知道这就是超重的感觉了，有点像飞机起飞离开地面时的感觉,或者是游乐场里坐的过山车从低处迅速爬升到最高点时的感觉,但更加强烈,时间也更长。

正当小明想到这里时,他开始感到全身的沉重感,前胸和后背似乎像压了块大石头一样,心脏开始快速跳动,全身开始发热,眼睛似乎也有点发胀,嘴里好像没了唾液,干得要命。

从屏幕上,小明看到火箭已经离开发射场上空,进入夜空。过了一会儿,小明看到火箭的第一级已经脱落。

这个超重真的好厉害,小明想。自己似乎还可以再多忍耐一会儿。"加油!"小明暗暗对自己说。潜意识中,小明觉得自己一定能当个航天员。

这时,外面已经漆黑一片,原来显示火箭升空的屏幕也关闭了。该第二级火箭脱落了,应该快到太空了吧,小明心里想。

超重的反应更加剧烈了。前胸和后背的压迫感越来越大,开始感觉到疼痛,心跳也越来越快,而且呼吸开始变得

■ 体验发射时的超重

有些困难，氧气似乎不够用了。同时，以前如果不是生病，似乎是感觉不到的内脏，在此时也好像在胸腔或腹腔里都明显变得沉重起来，并且紧紧压在背部。整个身体好像一下子重了几倍，身体各个部位的肌肉已经完全不能支撑身体的重量了。就连肌肉本身似乎也重了很多，紧紧压在骨骼上。

差不多到极限了，小明想。他尝试着抬起右手去按下红色"中断"按钮，可是手腕和手指似乎也重了许多，有点抬不起来了。连抬起眼皮的动作也困难了许多。

小明全神贯注地望着右手前面的红色按钮，用尽全身力气，终于一点一点抬起右手手指，向前伸去，手指似乎像绑了沙袋一样沉重。小明咬紧牙关，憋足劲儿，终于碰到了按钮。

瞬间，座椅停止了摇晃，全身的压力开始慢慢消退，身体和座椅间开始有了"脱离"的感觉，不再是牢牢压在上面。胸口和背部的疼痛感和压迫感逐渐消失了，内脏似乎也感受不到了，呼吸和心跳速度开始平缓下来。

小明长长地吸了口气。这时座椅又移动起来，自己的身体又被重新"放回"正常的地面坐姿，脚也再次踩到了地板上。一瞬间，小明感到了生活在地面的美好和"踏实"。

这时，房间内亮起微弱的灯光，多多又出现在屏幕上。

"感觉如何?"多多瓮声瓮气地问。

"好厉害!一开始有点害怕，感觉像地震一样，而且很孤独，有点恐惧，好像与世隔绝了，没人能帮到你。"小明急切地诉说着自己的感受。

"是的，航天员所处的环境就是这样，因为从发射一开始，你就要从地球'离开'，踏上未知的征程了。"

"我现在觉得发射的可靠性太重要了!"小明说。"在开始的剧烈震动中，感觉非常无助，只能寄希望于飞船和火箭是完全可靠的，不会出什么问题。"

"是的。所以载人飞船和火箭的可靠性设计要求非常高，并且会做大量的试验。"

航天员叔叔真勇敢!小明心里想。

"有没有什么问题?"

"有。为什么发射刚开始的时候，座椅会倾斜?"

"这是航天员发射时的标准'动作'，就是胸-背向对抗动作。"多多瓮声瓮气地答道。

"胸-背向对抗动作?对抗什么?"

"对抗发射和返回时的超重。"

"人类通过大量的动物和人体试验研究，证明了采取胸-背向对抗动作，可以更好地对抗横向超重对人体带来的影响。"多多继续说。

"横向超重?"

"就是与飞船飞行方向相同方向的超重，即胸-背向的超重。"

"噢。那还有纵向超重喽?"

"正确。纵向超重是指与飞船飞行方向相垂直的上下方向的超重，即头-盆向超重。"

"盆是指什么?"

"指人体的骨盆,就是臀部髋骨所在的位置。"

"这些都属于航天医学的研究。"多多补充说。

小明点点头,他隐约记得生理卫生课里讲到人体骨骼的时候有这些内容,看来得回去翻翻课本了。

"飞船不是三维的吗?应该还有一个方向呀。"

"正确。另一个方向的超重叫侧向超重。"

"这些不同方向的超重差别有多大呢?"

"在纵向超重作用下,全身血液分布会很快发生改变,血液流向下肢并留在那里,导致回流心脏的血量减少,造成头部供血障碍。"

小明头脑中迅速回忆着生理卫生课上讲的关于血液循环系统的知识,有点后悔没有学好,看来这个也很重要。

"不是很多老人会有脑供血不足的毛病吗?"小明想起爸爸带爷爷去医院看脑血管病的事。

"那是慢性的人体病变。这里是短时间的急性改变,影响很大,轻的引起视觉改变,重的会导致意识丧失。"

"啊!这么厉害!"小明张大了嘴。

"是的。所以航天员在地面要进行大量训练,比如转椅、滚环都是航天员的'必修课'。"

那倒是,小明想。如果航天员没有了意识,怎么驾驶飞船、操作实验仪器呀。

"那反过来坐应该也可以吧?"小明好奇地问。"就是把座椅掉个个儿,背朝着飞船运行方向。"

知识卡片:航天医学

以人体在太空环境中能适应、耐受并完成特定活动为目的的医学分支。它既属于环境医学,又是生命科学的一部分。与其他医学不同的是,航天医学研究的不是病人,而是健康人。

航天医学的主要作用:一是要负责选拔和训练航天员,即在健康人的基础上选择更健康的人来执行太空任务,指导他们进行锻炼以适应太空环境,提高太空工作效率;二是要负责在任务中对航天员进行全程的健康监测和保障;三是参与载人航天器生命保障系统、训练模拟设备、有效的太空防护措施等的研制。

航天医学的出现和发展,为人类对抗超重、失重等太空环境对人的影响,提出了有效的方法和手段。

A B

A 中国航天员在进行转椅训练
B 中国航天员训练用的多维滚环

"不可以。"没想到多多的回答是否定的。

"实验表明,采取这样的坐姿,人体的耐受能力大幅度下降,3~4g就会导致严重的头疼、结膜充血、鼻衄、红视等危险症状,如果超过4.5g的超重状态持续数秒,可以引起精神紊乱甚至意识丧失。"

"天哪。"小明刚刚合上的嘴巴再次张得大大的,虽然他还不太懂一些医学语言的确切意思。

"g是什么? "愣了一会儿,小明问道。

"是衡量超重程度用的。地面标准重力环境用1g表示。 "

"就像地面正常大气压是1个大气压一样?"

"正确。 "这次多多给出了肯定的答案。

四、回放:还差得远呢

"可是横向超重也不好受呀。可比坐过山车难受多了。"小明想起刚才的情景,悻悻地说。"对了。我们模拟体验的超重强度有多大?"

"正确。乘坐过山车，人体承受的大约是2个g，即自身重量的2倍。刚才模拟体验的强度大概在3个g左右。"

"怪不得这么难受呢。"小明点点头。

"是的。这主要是不适应的原因。一般会先出现呼吸困难、胸部疼痛、心律失调等情况，面部肌肉会变形。超重强度加大到一定程度就可能出现视觉和脑功能障碍。"

这时，小明面前的屏幕上出现了刚才小明模拟体验的视频录像，录像中小明身体晃动的同时，脸上的肌肉出现了明显的变形下垂，像是里面有什么可怕的东西在不停地游走一样，而自己却完全不知道的样子。可能是顾不上了吧，小明想。

"哈哈哈！简直太好玩了。"小明看着录像中自己变形了的脸一边断断续续地说，一边禁不住地大笑着，他怎么也想不到自己的脸会变得这么狼狈、好笑，这可是平时无论如何也做不出来的表情，比任何鬼脸都好玩。

小明笑了好久，笑得肚子都有点岔气了，好不容易才停了下来。

看到自己的狼狈样子，小明多少有些失望。原以为自己的身体还是不错的，应该很适合当航天员。因为他非常喜欢在游乐场里坐过山车、激流勇进、海盗船一类"刺激"的游乐设备，那可是勇敢者的游戏。几圈下来，不少人都会晕乎乎的，还有人面色苍白、头晕呕吐呢，而他却很"享受"这样的过程。

"对了，我刚才坐的模拟设备是什么？"

"是离心机，是专门为体验超重设计的。航天员进行超

■ 中国航天员训练中心的离心机

重训练的就是同一类设备,都是为了培养对抗能力的一种训练设备。"

"离心机更像游乐场里的游乐设备,主要靠旋转手臂,前端连着一个封闭吊舱。离心机转动时很像游乐场中的'飞碟',但转动的速度和摇摆角度远远超过'飞碟'。当离心机按照一定的速度旋转起来时,可以模拟出飞船上升和返回时的持续超重状态。"

"是不是旋转手臂越长,超重感觉越强烈?"

"是的。中国航天员中心用于'神舟'飞船航天员训练的离心机,是目前亚洲规模最大的载人离心机,旋转手臂长达8米。"

"真厉害。"小明心里由衷地钦佩我国的航天工程师们,这也是他长大以后的目标——成为一名优秀的航天工程设计师。

"对了,为什么座椅是这样倾斜的,而不是与飞船飞行方向垂直的?"小明指着录像中自己的身体和座椅说。

"正确。这个角度不是90度。实际上科学家们发现,最佳的角度,是背角75度。"

"我还看到了我的大腿和膝盖。"小明回忆起来。

"对。腿部的位置与身体约成100度,双膝略高于头部,小腿平放。"

"这些……嗯……是怎么发现的?"小明觉得有点费解。

"通过不断的尝试。其实这些研究早就开始了。20世纪30~50年代,科学家就开始研究不同姿势,尤其是仰卧位背角对身体耐受力的影响,这个称作飞行中的有效生理背角。"

"都有什么发现?"

"研究结果表明,与坐姿体位相比,后倾45度时,超重耐力稍有提高,77度时提高2.5g,85度时提高3.5g。也就是说,随着背角的增加,人的超重耐力逐步提高。"

"那是为什么?"

"因为加大后倾背角后,人的头部到心脏的垂直距离随背角的加大而缩短,从而减小了静水压效应,所以能提高人的超重耐力。"

"可是,胸口会很疼。"小明表示。"喘气也很费力,好像缺氧一样。"

"对。背角过大时,人容易出现呼吸困难和胸痛,还可能发生心脏的早搏等现象。所以选择合适的生理背角要兼顾抗超重能力和人体的其他生理条件。"

"对了,模拟超重的航天员训练强度会更大吧?"

"是的。正常人在离心机上达到3个g的负荷时就难以忍受,而航天员平时训练要求达到人体自重的8到9倍。"

"那不是比玩过山车的感觉要刺激得多?"

"那当然。感觉要强烈4倍,而且大约要40~50秒,普通人是无法想象的。"

"航天员的脸也会变形吧?"小明问道。

"是的。航天员的面部肌肉都会在强大作用力的牵引下变形,眼泪不自觉地

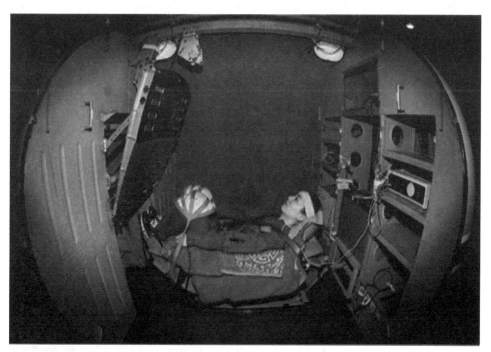

往外流,呼吸会异常困难。"

"航天员的训练强度确实大多了。"

"不止这样。航天员在高速旋转训练过程中，不仅身体要忍受极限，而且还要随时回答问题，判读信号，保持敏捷的判断反应能力。"

小明默默地点点头,怪不得航天员的选拔那么严格,看来真不是"一般人"。

"对了,离心机的速度有多快?"小明突然问。

"时速100千米左右。"

"也不是很快呀,和汽车在高速公路上跑的速度差不多,怎么会有那么大的超重呢?"小明不太理解。

"超重是由向心力提供的。"

"这个在高中物理的牛顿力学中有解释。"

小明似懂非懂地点了点头,心想原来要学的东西还有很多呀,首先要学好生理卫生课,上高中了呢,重点是物理课,可能化学和数学课也很重要,对了,还有英语课,还要从现在起锻炼好身体……小明开始为梦想而兴奋地计划着。

■　王亚平准备进行
超重耐受力训练

五、对抗超重

"对了,耐受极限的试验怎么做呀?"小明问,心想总不能真的去测试人体的极限吧,那可太残忍了。

"一般先通过动物实验,比如狗、熊和黑猩猩等,尤其是极限测试的试验,可能会导致骨骼断裂、内脏撕裂等致命性损伤。"

"动物试验最大的超重程度是多少?"

"超过80g。"

"我的妈呀!"小明瞪大了眼睛,满怀同情地听着。

"在动物实验结果的基础上,人体试验主要通过人的疼痛反应和大量生理指标的变化来测量。"多多继续说。

小明点点头,看来动物们还是为人类做出了很大的贡献啊。

■ 航天员进行电极生理训练

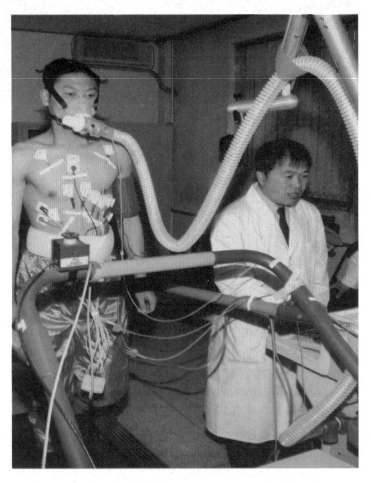

"那……我们只能这样了吗?只有航天员能行吗?"小明有点着急。

"我是说,能不能想办法让超重的影响不那么大?要不然普通人哪受得了呢?怎么能去太空旅游呢?"

多多"沉默"了一会儿,像是在自己的数据库里查找答案。

"要解决这个问题,首先是从设计和制造的角度,努力降低飞船的发射段与返回段的人体负荷,这也是最有效的方法。"

"具体来说,就是通过发展舒适的、适合太空旅游的推进技术,降低往返太空所需要的g值。"

"那一般火箭发射时的超重会有多大呢?"

"早期的火箭发射时会产生7~8g的超重。"多多回答道。"新式的火箭已降低到不超过5g,由于推进技术的发展,航天飞机发射时可控制在3g的水平。"

"就是跟我刚才感受到的差不多?"小明想起教授讲解航天飞机的知识时似乎提到了这方面的内容。

"是的。"

"太好了!"小明非常高兴,原来自己已经具备了太空旅游所需要的抵抗超重的基本身体素质,而且自己还会通过加强训练提高承受能力的……以后可能火箭的技术又有了突破,说不定更舒适了呢,小明心里想。

"另外还要尽力避免失控导致出现g值突然增大的情况。"多多的声音突然打断了小明的憧憬,让小明又"穿越"了回来。

"会有什么影响?"小明不解地问。

"比如由于火箭的意外翻滚导致的侧向超重。"

"侧向超重的影响大吗?"小明想起前面提到过。

"一般在飞船有偏航、滚转、俯仰等复合情况飞行时出现,作用时间不长。但如果超过5g时能引起内脏的撕裂。"

小明吓得吐了吐舌头,心想还是不要有这种意外吧。

"另一方面是医学防护,就是要尽量减少超重对人体的影响和提高身体对超重的耐受能力。"

"具体就是通过航天员的选拔、训练以及各种防护措施来实现的。"多多继续说。

"都有什么防护措施?"多多的话引起了小明的兴趣。

"除了前面提到的座椅和坐姿之外,还有抗荷服。"

"抗荷服是什么?"

"是一种物理性防护措施,主要防止超重时引起的血液迅速、大量流向下肢的情况,增加静脉回流,增加心输出量,改善头部血液供应。"

"这需要对航天员进行血液重新分布的适应性训练。"

小明似懂非懂地点点头,尽量去记住多多解释的每一句话。

"抗荷服什么样?"

"抗荷服有囊式和管式两种。囊式抗荷服比较常用,有五个气囊,分别位于腹

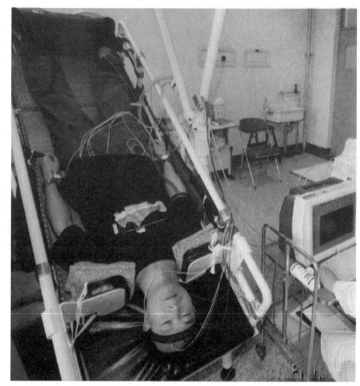

■ 航天员聂海胜进行血液重新分布适应性训练

部、两条大腿和两条小腿的位置。"

"怎么工作的呢?"

"在超重达到1.5~2.0g时,抗荷服囊内就自动开始充气,通过压紧下肢和腹部,阻止血液流向身体下部。"

"这样管用吗?"小明有点困惑。

"可提高2g左右的承受力,尤其对于长时间的侧向超重特别有效。"

"这么管用!"小明有点不敢相信,有点意外惊喜的感觉。

"那管式抗荷服呢?"

"管式抗荷服其实就是紧身裤,使用拉伸系数小的材料制成,两侧有可充气的侧管。工作原理与囊式抗荷服一样,侧管充气膨胀时,拉紧裤子的面料,对肢体加压。"

这个原理有点像用擀面杖把流向下肢的血液"擀"回去的样子,小明想。

"还有一种措施叫作正加压呼吸。"

"正加压呼吸?"

"就是用肺加压的方式,减少血液在肺循环中的淤积,提高主动脉压力的呼吸技术。"

小明摇了摇头,完全没听明白。

"超重时,人会在呼吸困难的同时,感到头晕、眼花、心脏跳动异常。"

"没错。"小明点头表示同意,头脑中回忆起刚才"新鲜"的感受。

"这些主要是由于血压在头部、心脏的突然降低引起的,因为超重使血液淤积在肺部，需要更大的能量才能传到全身。正加压呼吸可以降低呼吸的能量消耗，就是使呼吸更'轻松'，间接增加血液的压力，从而抵消这些异常感觉。"

"戴氧气面罩是不是也管用？"

"正确。一般正加压呼吸可以和呼吸纯氧一起用。"

"会有多大的效果？"小明期待地问。

"一般每增加1g的负荷，加压2~3mmHg，超重耐受时间延长67%。"

"还有其他方法吗？"小明饶有兴趣地问。

"其他主要是一些身体上的针对性训练。"

"都有哪些训练呢？"小明急切地想知道。

"比如持续地紧张腹肌和腿肌。"

小明想起自己刚才全身紧张的情景。要是自己能经常主动这样锻炼的话，应该会承受能力更强，小明想。

"还有紧张呼吸技术。"

"紧张呼吸技术？那是什么？"

"就是有意识地进行短促、有力、有节奏的呼吸，增加呼吸的效率。"

"明白了。"

经常锻炼，呼吸能力会有提高的，小明想。

"对了，经常在离心机这样的模拟器上训练应该很有用吧？"

"对。离心机训练是提高超重耐力最有效的方法之一，可提高超重耐力约1.6~5.8g。"

知识卡片：肺循环

人体血液循环分为体循环和肺循环两种方式。体循环又叫大循环，是血液从心脏到全身(不包括肺)的循环方式。肺循环又叫小循环，是血液从心脏到肺的循环方式。需要注意的是：肺循环的起点是右心室，终点是左心房；体循环的起点是左心室，终点是右心房。

肺循环的路径：右心室→肺动脉→肺部的毛细血管→肺静脉→左心房。即从右心室射出的静脉血进入肺动脉，经过肺动脉流至肺泡周围的毛细血管网，在此进行交换，使静脉血变成含氧丰富的动脉血，再经肺静脉注入左心房。

肺循环的主要作用是为完成肺部的气体交换，给肺部组织细胞带来必须的养料，使肺部能保持正常的呼吸功能。其特点是路程短，只通过肺。

"类似的训练还包括在高原这样的高海拔、缺氧环境的训练。"

"是不是加强体育锻炼也管用?"

"是的。尤其是增加短距离速跑、短距离速泳以及举重、攀爬类特殊训练。"

"为啥呀?"

"因为超重是突发性的,高强度的,只有这样的突发性高负荷的运动才能够更有效地提高这方面的身体素质。"

六、掉向深渊

又一个周末到了。

小明这一周每天都很自觉地利用早上和晚上的时间,坚持进行体能锻

原来是这样……

"感觉怎么样?"爸爸开车接小明的时候问道。

"真是太刺激了!"小明满脸掩饰不住的兴奋。

"那下周我们继续来?"

"一定!"小明答道,头脑中开始规划着从明天起,自己要做的身体锻炼项目了……一定要做好准备!小明暗下决心。

炼,跑步、做俯卧撑,用家里的哑铃锻炼臂力,还每隔2天去游一次泳。要像杨利伟叔叔那样锻炼,小明心里默默地激

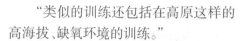

航天员杨利伟进行体能训练

励自己。

爸爸妈妈都很惊喜小明的变化。小明以前可是很懒的。最近爸爸告诉小明可以多和小伙伴们打打篮球,甚至表示愿意陪小明打羽毛球。这些可都是"短时间高负荷"的运动,难道爸爸也知道了?!

今天,爸爸开车把小明送到了"斯塔克大厦"。这次小明轻车熟路,坐电梯到17层,丽丽阿姨已经等在那里,径直带他来到"太空体验区"——那个球型的透明房间。

小明注意到今天的变化,房间中间的宽大座椅不见了,取而代之的是一个方形的透明小房间,大约3~4平方米,像是大型商场、酒店或写字楼里面的透明观景电梯。

小明按照丽丽阿姨的指示,走进小房间,这时房间光线变暗,对面大屏幕上出现了多多的影像。

"早上好,小明!"

"早上好!"小明高兴地回答。

"今天我们体验的项目是失重。"多多直奔主题。

"太好了。"小明兴奋地回应,心里却有点忐忑不安。"就在这里吗?"

"是的,你正在一部'体验电梯'里。"

果然是电梯,小明想。

"你脚下的地板上是一台体重秤,面前的屏幕上会随时显示你体重的变化。"

这时屏幕上显示出大大的数字——45 kg,这是小明正常的体重数字。

"我站哪里都可以吗?"小明动了动身体,屏幕上的数字随之变化,但很快

又稳定在45 kg。

"可以,但体验开始后就不要移动了,也不要做什么动作。"

"就站着不动?"

"对。你可以通过身体的感觉和屏幕显示的数字综合感受一下。"

"好的。"

"准备好了吗?"

"好了。"

"你面前有一个红色按钮,如果没问题,就可以按一下,开始体验。"

"就一个开始按钮,没有停止按钮吗?"小明问。

"只有一个。电梯会自动停止的。不用担心。"多多回答。

小明点点头,伸出手指按了下按钮。

周围一下子变得漆黑。

这时小明头顶上的红灯开始闪烁,电梯喇叭里传来声音——"系统开始倒计时,请准备。10,9,8……"。

气氛开始紧张起来。小明集中精神,眼睛紧盯着屏幕上的数字,准备迎接未知的、新鲜的失重感受。

当系统倒计时数到"1"的时候,小明感觉时间和空间似乎都凝固在那里,四周一片寂静,一片漆黑,黑暗之中只有显示屏上45 kg的数字闪着光,十分显眼。

这时小明听到电梯喇叭里传出"开始"的指令。突然,电梯开始向上移动,速度似乎不是太快,但小明很快就感到整个身体似乎变重了,两只脚重重地压在地板上,脚上的压力明显变大,脚底

和地面接触的骨头有点疼。屏幕上的数字开始变大，轻松越过了60，继续向上。

这时，小明感觉身体里的血液流向下肢，并在那里停下，下肢变得越来越沉重，而头部似乎在失去血液供应，有点微微的头晕。这时，他需要使劲抬起眼皮，才能看到屏幕上迅速变化的数字，83……85……87……

和上次坐在离心机座椅上的感觉相似，只是身体反应不那么强烈，小明想，这不是超重吗？

这时，小明忽然发现屏幕上的数字开始下降，身上的压力也在开始迅速减轻。

突然，小明感到全身一震，紧接着，超重的感觉似乎完全消失了。一瞬间，小明觉得似乎连身体的重量也消失了，身上轻飘飘的，脚似乎对地板也没有了压力，感觉身体里面空空的，什么都没有的样子，胃里的早餐似乎在向上翻涌，头开始感觉到沉重。屏幕上的读数迅速指向了30以下……

这样的感觉只维持了片刻光景，读数很快恢复到45，电梯停了下来，小明身体里又有了感觉，好像内脏又回到了身体里。

就在小明定了定神，觉得试验已经结束的时候，电梯突然又启动了。

这次是向下，而且速度很快。电梯像自由落体一样"嗖"地一下落下去了，小明突然感觉自己像被抛在了空中，失去了一切的支撑，快速地往下掉。

他下意识的看了一眼屏幕，读数迅

速下降到了30以下。小明感到身体轻飘飘的，体内似乎又变得空荡荡的，身体似乎失去了重量，仿佛自己只要轻轻一跳，一定能跳得很高的样子，地面不再有很大的力量拖住他。

只是一眨眼的功夫，屏幕上的读数又开始上升并恢复正常，小明也感到体重迅速恢复，并且越来越沉重，和刚才电梯启动开始向上的感觉相近。不过这个过程比之前一段失重的时间显得长了一些，所以只是微微有点头晕。

就在小明感到一头雾水的时候，电梯安静地停了下来，屏幕上的体重读数重新定格在45kg，房间里也有了一些光亮。

"刚才我在电梯里，怎么一开始是体重增加的？"小明定了定神，迫不及待地问。"好像和上周在离心机里一样。"

"因为你开始先经历的是超重。只不过上次是在离心机里，这次是在电梯里。"

"那为什么上次不坐电梯？"

"因为上次是单纯体验超重，而且需要测试你能承受超重的程度。"

"明白了。"小明想起上次自己是可以终止体验的，这次好像不行。

"为什么这次我不能终止体验。"小明很好奇。

"因为已经有了你上次的测试数据。这次的超重程度只有不到2g，而且时间很短，所以是没有问题的。"

小明点点头，心里想，怪不得自己感觉反应没那么剧烈了。对了，是不是

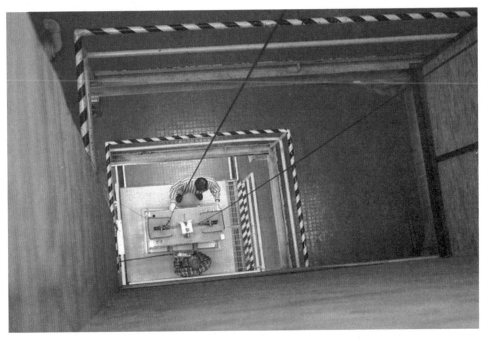

跟自己这一周来的身体锻炼有关呢?小明心中暗喜。

"航天员训练也是用这样的设备吗?"

"最初是用落塔做无人实验,后来才有了更好的设备。"

"这次胸口没有很强烈的压迫感了。"小明惊喜地汇报。

"因为这次是纵向超重,是头-盆方向的,而上次是横向超重,是胸-背方向的。"

小明似乎有点失望,原来高兴得太早了。是啊,体育锻炼虽然有用,可也需要长期坚持才有效果,哪能这么快呢?

七、漂浮之后

"那电梯往下走的后半段也是超重吧?"

"是的。只是电梯的运行速度我们做了调整,虽然速度很快,但时间上会长一点,所以超重时的'加速度'并不大。"

"加速度?"

"就是速度的增量。这个可以在高中物理的牛顿力学部分学到。"多多解释道。

"无论超重还是失重,都与'加速度'有关。"多多继续讲解。"超重还是失重,取决于'加速度'的方向。"

小明一脸茫然地听着。

"你体验的强烈程度,取决于'加速度'的大小。"多多继续说。

"超重的程度不是用多少个 g 来表示吗?"

"g 就是重力加速度,是加速度的一种。"

小明似乎有点明白了。不过要想搞得更清楚,看来还得等到高中学习了牛顿力学才行。一定要好好学习,小明暗下决心。

"那失重就是第一段上升的后半段和第二段下降的前半段吧?"小明很自信地说,因为他亲身体会到了身体轻飘飘的感觉,也亲眼见到了体重数字的下降。

"正确。"多多瓮声瓮气的声音肯定道。"你的感觉如何?"

"感觉身体轻飘飘的,有点'上不着天,下不着地',很安静、很孤独。"小明想了想。

"这就是失重的感觉,就像身体在失去重量。如果在太空,你脚下稍微用力就会飘起来。"

小明点点头,他在电视里见过。不论是国际空间站,还是"神舟"飞船,航天员"走路"都是"飘"在空中,连物体也都可以"飘"在空中,那情景有趣极了。

"是不是在失重状态下,我能跳得很高?"

"是的。你会轻而易举的成为跳高冠军。"

这时,小明想起了电影《卧虎藏龙》中侠客李慕白在空中"腾云驾雾,飞檐走壁"的情景。要是失重的话,那人人就都能有那么高明的"轻功"了。

"在地面,当我们跳起到一定高度,受到重力的限制,就会落回地面。"多多解释道。

"重力?"

"对。重力是地球上的物体产生重量的根源,它来自地球的引力。"

又是牛顿力学,小明想。

"如果你完全失去重量,你会跳得无限高,而且再也不会落回地面了,因为那时没有重力把你'拉'回来了。"

"啊!"小明吐了吐舌头。这个"不能有"啊,回不来就惨了。

"不只是向上跳,其他任何的力量,都会使你移动,而且如果没有阻力,就不会停下来。"

"比如你用手推一下舱壁,你就会'飞'向相反的方向,移动的速度取决于你推舱壁时用力的大小和时间的长短,如果对面是太空,你就会永远地飞下去。"

小明点点头,表情十分严肃。这可不是闹着玩的,他心里想。

"航天员曾经在太空行走时不慎弄掉了一只手套,结果这只手套就以 28千米的时速在太空中飞行,成为世界上'最危险的服装用品'。"

"这太恐怖了!好危险哪。"小明很

A　B

A　失重状态下，聂海胜在"天宫1号"上"悬空打坐"

B　失重状态下，水果漂浮在舱内

担心地说。"为什么会这样呢?"

"因为任何作用在物体上的力都会改变物体的运动状态，同时受到物体的反作用力。"

"反作用力?"

"这在高中的牛顿力学里会学到。就像你在地面去推一堵墙，力量越大，你受到的反作用力越大，只不过方向相反。"

"那还有什么是有反作用力的?"小明问。

"我们的运动，比如游泳，你用手划水，同时水给了你反作用力，所以你才能前进，而且越用力游得越快。"多多继续解释。"火箭发射也是这个原理。"

"可是火箭没有推'谁'呀?"小明不解地问。

"火箭是因为向后喷射了物质——大量迅速燃烧的化合物，形成了推动火箭前进的能量。"

小明摇摇头，有点不明白。

"就像你射击，当子弹射出枪膛的时候，会有明显的后座力一样。"

小明点点头，这个倒是在电视剧里经常看到。

"那飞船上的航天员是不是不能跳呢？"

"航天员经过训练，会适应失重环境中的生活。他们会控制好自己的动作力度。"

"可是航天员在飞船里怎么活动呢？万一不小心跳了该怎么办呢？是不是要撞到头？总不能不让航天员动吧？"小明问。

"活动是必须的。但在太空，身体确实很容易'失控'，所以除了适应训练外，空间站和飞船内外都安装了许多固定器。"

"那是什么？"

"比如把手、扶手之类的，这些是最简单的固定器，舱内舱外都有很多，不论你飘到哪里，周围都有，你能很方便地抓住，很快停下来。"

"那复杂的呢？"

"那就是专门设计的'工具'了。比如航天员在进行太空

A B

A 国际空间站外面的把手

B 航天飞机上的脚固定器

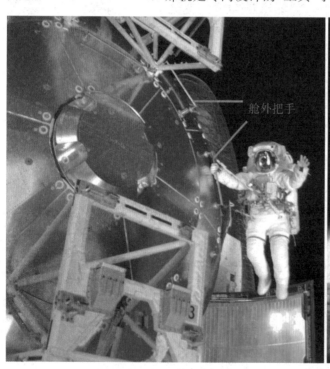

舱外把手

脚固定器

维修任务时,有时需要在同一个地方连续工作,这样就必须有'脚固定器',以免航天员飘走。"

"是用绳子绑住吗?"

"对于短期任务,体力强度不大的话,可以只用安全带和扶手。长时间的话就需要用金属制成的'脚固定器'。"

"是啥样的呢?"小明饶有兴趣地问。

"相当于一个金属踏板,略微倾斜,倾斜角度可调,适合各种尺寸的太空鞋,要方便与太空鞋的结合与脱离,既要能防止意外脱离,又要能支持迅速脱离……"

"要达到这么多的要求啊?那安全带总会简单点吧?"

"安全带必须要能单手操作,比如挂上或松开,舱外设备必须要有标准挂钩孔座,安全带上必须有指示器,要采用连环锁结构,防止意外脱钩……"

"指示器是干什么的?"

"是显示安全带挂钩锁止状态的,以便航天员无论在白天还是夜晚都能识别挂钩锁是开还是关。"

小明不禁感叹,太空中即使是一件小工具的设计也要考虑这么多,这么复杂……

八、地球生命的脆弱

"对了,好像失重的时候会觉得头很沉,和超重时头晕的感觉不太一样。"

"是的,两种情况刚好相反。超重的时候,血液会流向下肢,使大脑缺血,从而产生缺血性的头晕;失重的时候,身体的血液会向上涌,使头颈部充血,血管承受的压力增大,产生充血性的头痛。"

"噢,原来是这样。"小明恍然大悟。

"其实你刚才体验到的失重程度并不高,只是比游乐园里的海盗船和过山车之类的高一些。如果在太空中长时间的失重状态下,航天员的头、颈部会出现明显肿胀的情况。"

这么厉害!小明脑海中闪现出动画片里的大头娃娃的样子。

"还有就是感觉胃里的东西在往上反,要吐的样子,有点像晕船的感觉。"小明突然想起上次去天津坐船出海的感觉。

"这是太空晕动症,很多航天员初期也会有,是对失重状态的不适应,有的还会出现面色苍白、出冷汗、恶心呕吐、肚子疼等。"

"不过好像超重的感觉更难受一些。"小明想起上周的经历。

"主要是这次失重体验的强度不如上次超重的强度大。"

"为什么呢?"

"因为失重在地面很难模拟。"多多解释道。"而且失重模拟往往只是一瞬间,而太空的失重环境是长时间的,对人体的影响很大。"

"都有什么影响呢?"小明赶紧问。

"比如失重情况下会改变全身血液的分布。"

"就是血液流向头顶?"

"对。长期下去就会出现心脏功能下降、面部水肿、贫血、动脉硬化、内分泌降低、下肢肌肉萎缩等问题。"

"更大的影响是体内钙的减少,使骨骼变得脆弱,骨头重量下降,大约每个月会丢失1%到2%的骨头重量。"

"这么厉害!"小明大叫道,小明突然想起好像听妈妈说过,外婆就有骨质疏松的毛病。

"还有就是人体抵御外来致病菌的能力大大降低了,比如航天员咳嗽所喷出液体中所含有的病原微生物要比地球上正常人多8到10倍。"

■ 健康人的T淋巴细胞的电子扫描显微图像

"那是为什么?"

"因为人体免疫系统中的淋巴细胞在太空中不能很好繁殖,数量大大减少,使身体抵抗力下降了。"

"失重对人体的影响很多,科学家也一直在研究。其中有一点让人很不适应,就是会引起人类的味觉失调。就是吃饭没有在地面有味道。"

"还会这样!"小明有点吃惊。

"那都有什么办法可以解决这些问题吗?"

"会有一些针对性的措施。比较好解决的,比如太空中的空气是不流动的,那就要让通风机不停地运转。"

"那关于肌肉萎缩的那些问题怎么办?"

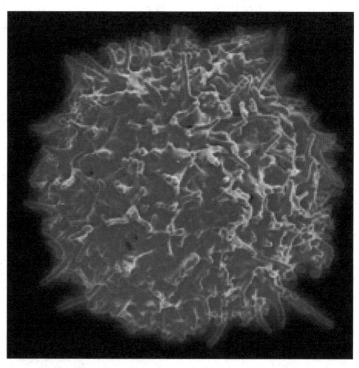

"一方面是在太空进行有针对性的体育锻炼,尤其是下肢的锻炼。另一方面是采取电刺激、下身加压、防护服,以及研究一些药物。"

"药物也行?"小明有点怀疑。

"比如能使血液重新分布正常化、防治心律不齐、增强心肌能量储备、调节血管张力等的药物。"

小明点点头,隐约明白了探索太空任务的艰巨复杂和过程的漫长。原以为建造火箭、飞船、空间站就是载人航天的全部工作,没想到还有其他很多任务呢。看来自己的学习计划又要增加很多内容了。

"不过最根本的解决办法可能是在太空创造一个有重力的环境。"多多的话让小明有些沉重的心情再度激动起来,像是看到了曙光。

"那怎么可能?太空不是一直是失重的状态吗?就像地球上一直有重力。"小明挠挠头,有点想不明白。"有什么办法吗?"

"还记得你上次做超重体验时的设备吗?"

"你是说……离心机!"

"正确。只要选取合适的半径和转速,就可以像离心机一样,创造出类似重力的环境。"

"那可太好了!"小明欢欣鼓舞起来。

"我明白了!"小明突然大叫。原来这就是前几天看《星际穿越》电影的时候,为什么停在木星上空的环形轨道器要不停地旋转的原因。

"不过,怎么能让离心机一直转下去呢?太空里哪有那么多电呢?"

"其实只要一个启动的能量和很少的维持能量就可以。比如利用两个轮子分别向相反方向转动,根据动量守恒定律,轮子就会不停转下去,只有在启动和转速调整时才需要额外的能量。"

"动量守恒定律?这么神奇!"小明的眼睛一下子睁得大大的。

"这个你会在高中学到。"

"那我在家也能做到吗?"

"不行。"

"为什么?"

"因为地面上有空气的阻力和重力,会干扰轮子的转动。"

小明似懂非懂地点着头。

"对了,太空中的植物会怎么样?"

"科学家曾经在太空培植蔬菜、水果、花卉等几百个品种,但长得并不好。"

"那为什么?太空不是没有重力吗?植物应该能长得更好呀。"小明不解地问。"而且太空没有大气层阻挡,阳光也比地面充足,不应该长不好啊。"

"科学家们后来才发现,其实植物的生长非常依赖重力。"多多瓮声瓮气的声音中似乎透出一种无奈和遗憾。

"长期生活在地球上的植物形成了一项独特的生理功能。当受到重力刺激时,植物下部生长素含量会大大增加,使植物的根朝下生长,而茎则朝上生长。"听着多多的解释,小明似乎预感到了什么。

"一旦失去重力作用,生长素就无

法汇聚在适合的部位，植物就找不到正确的生长方向，只能向周围乱长，最终死亡。"

小明默默地点点头。

"那太空南瓜、太空辣椒，还有太空番茄是怎么回事？"

"是由于太空的辐射环境导致的，而且主要是种子，它们的生长是在地面。"

"太空的微重力环境中，一些常见的现象，比如沸腾、燃烧以及动物的活动等，都与地面不同。"

小明陷入了短暂的沉思之中。

A 兰州华宇服务保障公司种植的太空南瓜

B 兰州华宇服务保障公司种植的太空航椒系列

A

B

A　兰州华宇服务保障公司种植的太空番茄系列(奥蕾、黄钻)

B　兰州华宇服务保障公司种植的航茄系列

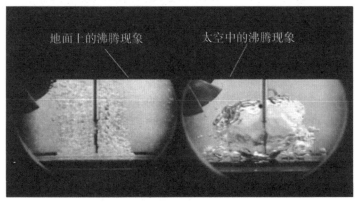

■　地面与太空的沸腾现象比较

　　"对了,太空的生活节奏好像很慢,而且有的时候,比如发射,周围漆黑一片的。"

　　"是的。太空的生活不像地球上那么丰富多彩,自由自在,长时间的话容易导致人出现心理问题。"

地面
燃烧
现象

太空
燃烧
现象

■ 地面与太空的燃烧现象比较

小明听说过,要当航天员不但身体要好,还要心理素质过硬,看来确实如此。看来自己的"登天"之路也还需要做更多准备。想起这两次的体验,小明深深佩服那些合格的航天员叔叔和阿姨们。

九、奇妙的失重

"对了,失重的时候好像感觉身体里面空空的,尤其是肚子里面空荡荡的,好像身体不是自己的了,这是为什么呢?"小明问。他还从来没有过这种体验。

"这是失重的典型特征。因为身体各部位都处于失重状态,所以相互之间没有任何作用力,也就没有了任何感觉。"

小明若有所思,但仍然很困惑。

这时丽丽阿姨走过来,笑着递给小明一个塑料杯。

小明不解地接过来,发现杯子侧面底部位置有一个小孔。

"我们来做个实验。"这时,多多在屏幕上说道。

做实验?这个小明最喜欢了。

"你先用手指堵住杯底的小孔。"多多说。"不要动。"

小明连忙用左手堵住杯底的小孔。这时丽丽阿姨手里端着另一个没有孔的水杯,向小明手中的水杯中倒水。

"现在你告诉我,如果你放开左手,会怎么样?"

"当然水会从小孔中流出来啦。"小明说,心里想,这还用说?

"为什么呢?"

"这个……倒没想过。"小明开始支支吾吾起来。

"是因为不同高度的水受到的'压

力'不同,下面的水的'压力'更大。"

"为什么下面的水压力大?"

"因为上面的水对下面的水产生了压力,所以才把下面的水从小孔'压'出来。"

"噢。"小明点点头。"那压力是哪儿来的呢?"

"来自水的重力。"

"那跟我们的实验有什么关系?"

"你到电梯外面去。"

小明跟着丽丽阿姨走到电梯和门之间的通道上。这时,通道下方出现了一个水池。

"现在你放开双手,让杯子落到水池中,观察一下杯子中的水会不会流出来。"

小明一下子来了兴趣,把杯子伸出通道外,眼睛瞪得大大的,丝毫不眨地盯住杯子,放开了双手。

杯子稳稳地向下落去,"扑通"一声掉进水池。神奇的事情发生了,下落的过程中,杯中的水一滴都没有流出来。小明吃惊地回过头,望着身后微笑着的丽丽阿姨,又回头看了一眼下面的水池,仿佛不敢相信自己的眼睛。

"为什么会这样呢?"小明急切地问道。

"因为杯子和水在做自由落体运动,同时处于失重状态,内部之间就失去了作用力。"

■ 水杯坠落实验

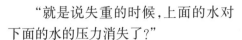

"就是说失重的时候,上面的水对下面的水的压力消失了?"

"非常正确。这和你体验到的身体里空空的感觉类似。"

小明慢慢地点点头,脑子里还在不断地回顾刚才的情形。

"真是太奇妙了!"小明脱口说道。

"失重和地球上的重力状态有很大差别,这里有一些录像资料。"

这时,周围的球型屏幕上出现了航天员王亚平在太空实验中的一段视频录像,这段视频小明在电视上看过,只是此刻仿佛置身其中,感受完全不同。

只见T形支架上,细绳拴着一颗小钢球。这是物理课上常见的实验装置——单摆。王亚平把小球拉升到一定高度后放手,小球并没有像在地面上钟摆那样往复摆动,而是悬停在了半空中。

"在地面上,因为有重力,一旦松手,小球会向下运动。"多多瓮声瓮气地解说道。"而由于小球被细绳栓在支架上,它就会被细绳牵着来回摆动。但太空中没有重力,所以小球只会在原地悬浮。"

这时王亚平用手指轻推小球,小球开始神奇地绕着T形支架的轴心做圆周运动。

"因为小球在太空处于失重状态,所以轻轻推一下,小球会沿推力方向运动,由于有细绳的牵引,所以小球开始做圆周运动。"

小明重重地点着头,因为他深深体会到了失重的状态和感觉,这段重新播放的视频让他有了更深入的认识……

"对了,刚才电梯里失重的感觉时间很短。"

"是的,在地面我们目前模仿的失重只能是短暂的、不完整的。因为还无法'彻底摆脱'重力的束缚。"

"那航天员的训练怎么办呢?"

"事实上对于失重的模拟在地面上只能分开来做。比如航天员在失重飞机上才能体验接近太空的失重感觉。而要进行失重状态下的操作训练,一般会在失重水池里进行。"

"失重飞机?失重水池?"小明又兴奋起来。

"失重飞机可以完成抛物线飞行,形成15~40秒的微重力时间。"

"抛物线飞行?"

"抛物线飞行有点像自由落体。就是让飞机先飞到一定高度,以一定的操纵程序沿着特别设计的抛物线上升和下落。比如从高空向下加速俯冲,速度超过600千米/小时,在7000米左右高空处关闭发动机,让飞机沿弹道'掉下来',直到速度降到约400千米/小时,再启动发动机,让飞机重新飞上去。"

"那微重力呢?"

"微重力就是还有轻微的重力作用,但可以忽略。其实目前人类在太空中主要是微重力状态,不是完全的失重状态。"

小明点了点头,"为什么不是完全失重?"

"因为航天员活动的轨道高度距离

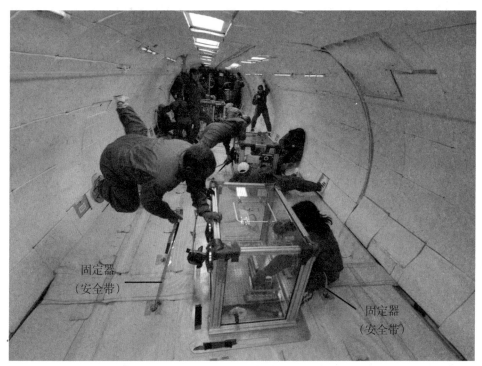

固定器
（安全带）

固定器
（安全带）

地球还不算太远，一般在500千米以内，因此还会受到重力的轻微影响。"

"40秒的时间有点太短了。"小明表示。

"是的。不过也只能做到这样了。但是可以多做几次抛物线飞行，只是中间会有3~4分钟的'间隔'。"

"这个时间可以让航天员感受、体验和熟悉失重环境，在失重的时间里做各种动作，比如吃东西、喝水、穿脱衣服、闭眼与睁眼的定向运动。"

"航天员万一跳起来怎么办？不会撞伤吧？"小明关心地问。

"失重飞机的地板和天花板一般包着垫子，起到缓冲作用。"

这个挺有意思的，小明想。

"有时训练会把太空舱模型搬进机舱中，让航天员在失重的时间从舱体爬出来，训练太空的出舱活动。"

这个更好玩，小明点点头。

■ 航天员在失重飞机机舱中进行操作训练

"是不是所有飞机都能做抛物线飞行？"

"不是的。"多多回答。"失重飞机是要专门改装的，目前美国、俄罗斯、法国、日本和中国等都有失重飞机……"

十、太空舞步

"那要是训练复杂的动作怎么办？总不能让航天员停在一半儿的地方，等下次抛物线飞行吧？再说有的可能需要很长时间呢。"小明一口气问道。

"所以就要用到失重水池了。因为失重飞机模拟的环境虽然很'真实'，但时间有限，而且不能连续模拟，所以没法完成复杂的操作训练。"

"失重水池是什么样的？"

"失重水池就是一个像游泳池一样的设备，把航天器放入其中，利用水的浮力模拟太空失重状态，然后航天员在水池里反复出入舱和进行舱外操作训练。"

"可是这个没有'失重'的感觉呀。"

"是的。失重水池并没有消除重力对于人体的作用，因此它不同于真实的失重环境。它主要模拟太空中的漂浮感觉，以及通过水的阻力让航天员熟悉太空操作中的'慢动作'，比如模拟在太空身体的运动、抓取物体的感觉等。"

"航天员要是飘上来或者沉下去怎么办呢？"

"这个会通过增减配重和漂浮器使人体的重力和浮力相等，这叫作中性浮力。"

"失重水池主要训练航天员的出入舱、舱外维修与行走等需要长时间工作的动作。"多多继续解释道。

"要训练多长时间才能上天飞行？"小明好奇地问。

"对一般的太空行走任务，实际操作与训练时间比例是1：10。"

"为什么要这么久？"

"因为失重与地球上的重力环境完全不同，一般不容易适应。"多多解释道。"其实航天员在太空执行任务的过程中，大约80%的时间用在了固定身体和保持姿态。"

"这么夸张！"小明不禁吃了一惊。

"舱外活动的时候，航天服会因充气而变得僵硬，灵活性降低很多，尤其是手的灵活性。"

"为什么要充气？"

"因为航天员要呼吸呀。"

小明不好意思地捂着嘴，自己居然忘了太空中没有空气这回事。

"而且航天员还要戴着头盔，这会影响视线，也会导致动作的效率下降……"

下次一定要让爸爸带着去潜水体验一下，小明心里想。

"失重水池有多大呢？"小明有点好奇。

"差不多相当于一个游泳池吧。目前最大的是美国约翰逊航天中心的'中性浮力实验室'，大约长62米，宽31米，深12米，水量在2800万升。"

中国航天员在自己的中性浮力水池中训练

"为什么造得这么大？"

"因为要进行国际空间站的舱外活动训练，其实这也放不下整个空间站，只能放几个主要的舱。"

"目前，我国已经建造了亚洲最大的失重水池……"多多说。

听到这个，小明觉得可骄傲了。

"对了，航天员在舱外怎么移动呢？"小明有点困惑地问。

"最简单的当然是沿着舱外的固定器移动。"

"看上去有点像在舱外壁上爬。"看到屏幕中显示的图像，小明说。"肯定不能总这样吧。"

"对。航天员还有MMU，就是'载人机动装置'。"

"那是什么？"

"就是航天员的短程'交通工具'。"

这时屏幕上出现了美国航天员使用MMU的录像。

"MMU外型上像一个汽车座椅靠背，安装在航天员的生命保障系统背包上。"

载人机动装置

■　航天员穿着载人
机动装置在太空中
"飞行"

"侧面有个硬柱?"小明指着图像问。

"这是 MMU 的支撑结构,是用铝合金做的,两侧各有一个。"

"里面有东西吗?"

"里面是供电系统,主要是锌银电池。另外还装有液氮储气瓶。"

"液氮储气瓶是干啥用的?"

"可以喷出氮气,就是 MMU 的推进系统。"

小明点点头,马上又提出一个问题。"MMU 的方向如何控制?"

"MMU 安装有 24 个小推进器,喷口装在两个侧柱上,上下、左右、前后,每个方向都有 4 个喷口。MMU 可以通过管路上的阀门调整推力的大小和方向。"

真先进,小明想。

"MMU重吗?"小明问。

"大约150千克吧,不过在太空是感觉不到的。"

"那能走多快呢?"

"如果同一方向的4个推力器一起工作的话,可以达到75千米的时速。"

"这么快!那一定很贵吧?"小明有点吃惊,印象中地面上的电瓶车也没这么快。

"每个大约750万美元。"

这可比汽车贵多了,小明想。不过有了这个,航天员就可以"走"到离开飞船一段距离的地方了。

"MMU怎么控制呢?是自动的吗?"

"MMU有自动和手动两种控制方式,并且可以精确定位身体和自动保持姿态,就是保证航天员在太空操作过程中身体不移位。"

"在太空中,姿态和定位非常重要。不然就会倾斜或转圈。"

"万一出故障怎么办?"小明有点担心,要是那样就要永远飘在太空中了。

"MMU里面的管路是双重的,有备份的。"

小明松了口气。

"这个MMU真好!"

"其实MMU是人类不断探索的结果。之前还尝试了多种其他的方式。"

"哦?那还有什么呢?"小明又好奇起来。

"最早的当然是安全带,这后来成为出舱的标准装备。后来还尝试过手持式喷射器、喷气鞋以及MMU简化后的装置。"

喷气鞋,小明脑子里快速闪现出"钢铁侠"的形象。

"那后来为什么不用了?"

"主要是因为很难保证推力能作用在人体的中心。"

"那会怎么样?"

"会产生一喷气人就会一边往前移动一边倾斜的情况,还有可能发生翻滚。"

"所以最主要的是要固定好人的位置和姿态,并保持不动。"

小明这时有点明白了。他忽然想起电影《地心引力》中,航天员用灭火器在太空移动的场景,看来主要都是靠喷气方式来提供动力……

这天夜里,小明梦见自己带着MMU在太空中自由自在地"行驶"……

第四章

出发，去太空

一、地面和空中的太空旅游项目

又迎来一个周末的早晨，小明再一次从四处漂浮的梦境中被妈妈叫醒。

这一周小明增加了游泳锻炼，并且经常在泳池边做下潜憋气的动作，简单体会在水中活动的感觉。

小明还央求爸爸妈妈放暑假时带他去玩潜水。水下活动的感觉应该是有点接近航天员的失重水池的，小明想。

还好，爸爸妈妈似乎非常支持小明的运动计划，很痛快地答应了小明的要求，他们好像也理解这次小明不是简单的"贪玩"了。

在匆匆忙忙地洗漱和风卷残云般的早饭后，小明飞奔到汽车上，催着爸爸送他到了神秘的"斯塔克大厦"。

不过当小明来到17层后，这次丽丽阿姨并没有带小明到体验区，而是带他来到了一个独立的房间，房间的布置有点像小型电影院，前面有巨大的屏幕，只是座位并不多。

"早上好，小明。"这时多多出现在大屏幕上。

"Hello，多多。这是哪儿啊?"小明好奇地问。

"这里是视频资料馆。我们下一阶段的学习在这里完成。"多多回答。

小明有点遗憾地点点头，看来体验区的项目结束了。不过要是再不结束的话，是不是自己都要去参加航天员的初级训练了，小明偷偷地想。

"今天我们来聊一聊太空旅游的各种方式。"多多开门见山地说。

"你是说，现在已经有了吗?"小明一下子兴奋起来。

"有些已经有了，有些还在酝酿中，不过相信不久的将来应该都会推出来。"

那就是说，我长大就都能赶上了，

小明高兴地想，心里美滋滋的。

"都有什么呢?"小明开始着急地问。

"首先我们明确一下今天讨论的范围，是将来的商业太空旅游活动。"

"不只是给大富翁服务的?"

"当然也要包括这个。就像买东西一样，最先出来的产品总是贵的，企业有了利润和销量以后，价格就会逐渐下降，普通人才能买得起。"

小明脑海中马上想到了手机，还有汽车……

"太空旅游其实可以分为几种方式，第一种是地面的参观、模拟和体验旅游，就像你最近体验的那样。"

小明认真地点点头。

"不过你基本上只是做了模拟体验，并没有去参观。比如去发射场看发射，或者去着陆场看飞船返回，去航天员训练场地观看训练、与航天员通话，去飞船或空间站的研制厂房参观试验设备，观看载人月球探测的成果展……"

是啊，还有好多事情都没做过呢，小明心想。

■ 游客参观航天地面操作室

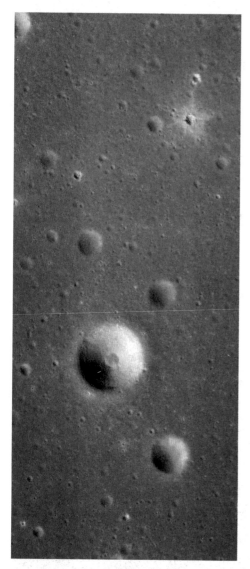

■ "嫦娥2号"拍摄的月面虹湾局部影像图

"在体验的环节,你现在只是做了关于发射、太空超重与失重的模拟体验,当然这些是最重要的体验。"

"我还没体验过失重水池呢。"小明马上想起来。

"没错,还有航天服、MMU、机械臂等许多设备。"

"对了,我没见过航天员练习开飞船的训练机。"小明突然又想到。

"对,那个叫训练模拟器,主要通过虚拟现实的方式来进行模拟训练,可以模拟载人飞船、空间站或航天飞机的机舱布局和仪表,让航天员在里面练习操作。"

"都能模拟什么呢?"

"可以模拟飞行器的各种动作和操作程序,比如点火、姿态调整、对接、脱离、轨道机动、天地通信等。"

小明边认真听的同时,边试着熟悉这些专业词语。

"所有这些,将来都可能逐步开发成为商业太空旅游的项目。"

那可太好了,小明边点头边想,这样自己以后就能想看什么就看什么了。就算将来身体不适合,上不了太空,也可以在地面上"过过瘾"。

"第二种太空旅游的方式就是失重飞机的抛物线之旅,可以体验失重和超重。"

"噢。这个太刺激了!"

"对,因为这个的感觉是真实的,比较接近太空的感受,但是会对身体条件有一定的要求,而且肯定比地面的体验贵一些。"

小明默默地点了点头。

"不过当市场足够大的时候,价格就会降下来,毕竟有好几个国家都已经有失重飞机了,将来会有更好的技术出

中国航天员在失重飞机上体验失重

来的。"多多安慰道。

"就是时间有点短，一次只能体验半分钟。"小明说。

"这个可以多做几次。一般航天员训练一次会飞2~3个小时。"

"现在已经有了吗?我是说……商业的?"

"俄罗斯的加加林阿特拉斯宇航中心，1999年底就已经开始提供失重飞机商业飞行业务了，就在首都莫斯科。"

"哦!那有中国人去过吗?"

"2004年的时候，有10名中国游客登上飞机，完成了240秒的空中失重训练。当时是由假日酒店集团组织的。"

"这么早?"

"对，他们是首批尝试太空失重实验训练的中国人，也是首个来自亚洲地区尝试这一训练的旅游团。"

"真酷!"

"其实在失重飞机上还可以开展体育游戏。"

"哦!"小明脸上马上露出激动的神情。

"美国有一家叫作'零重力公司'的太空娱乐与旅游公

司,就为客户提供过零重力躲避球游戏的项目。"

在太空失重的状态下躲避小球,这个应该挺好玩,肯定比游戏机里的小球游戏好玩多了,小明脑子里想象着那样的情形……

"现在都有什么样的失重飞机呢?"

"这个我们可以在屏幕上看一下。"多多似乎在数据库中搜索了一下,这时,屏幕上出现了很多失重飞机的图片,小明目不转睛地盯着看。有美国的小型失重飞机——T-33和F-104,大型失重飞机KC-135和PC-9,苏联/俄罗斯用伊尔-76改装的大型失重飞机,法国的"快帆"和A300、中国歼教-5改装的小型失重飞机……

"另外,还有一些商业公司的飞机,比如'白骑士2号'。"

"这个我知道,教授讲过,是'太空船2号'的载机。"

"对,它不仅能发射飞船,还能作为太空游客的训练机。"

"哦?!"

"'白骑士2号'每天可支持多达4趟太空飞行任务。"

小明有点意外,这时脑海里突然想,这又可以降低成本了,于是很欣慰地点了点头,看来商业公司来做太空旅游,可能真的会便宜呢。

"对了,抛物线飞行的价格大约是多少呢?"

"大概至少是5000~10000美元吧,这应该是成本。"

好像还可以,小明想,似乎太空旅游的曙光已经在招手。

二、梦想照进现实

"第三种就是亚轨道旅游,这可能会成为近期最成功的太空旅游方式。"

"亚轨道,这个多教授讲过。不过为什么会是最成功的呢?"

"因为亚轨道飞行比较接近真实的太空环境,另外它的费用又比真正的太空之旅要低很多,所以有很大的商业价值。"

"亚轨道旅游需要乘坐亚轨道游览飞机",多多顿了一下,"其实就是飞机和火箭的'二合一'。"

"这个我知道,飞机在大气层内飞,所以不用带氧化剂,只需要有燃油,使用航空发动机作动力,利用机翼产生升力。"

"火箭要飞出大气层,必须同时携带氧化剂和燃料,靠火箭发动机的动力推动。"小明非常认真地说,这些可是他认真听课和自己查阅资料总结出来的。

"非常正确。所以后来科学家们试图研制一种能结合飞机和火箭优点的飞行器,就是既能在大气层里飞,也能飞出大气层,这就是空天飞机。"

"空天飞机?这个好酷啊!"

"对。目前，亚轨道的空天飞机已经实现了，有单级和双级两种，可以重复使用。"

小明满脸疑惑。

"双级式亚轨道游览飞机包括运载机和轨道机。运载机负责把轨道机从地面送到高空；轨道机则继续加速爬升到大气高层，进入亚轨道，完成游览后再返回地面。"

"啊，这个我知道，'白骑士'和'太空船'就是这样的。"小明大声说道。

"那亚轨道旅游的失重感应该更强一些吧？"

"是的，而且时间比失重飞机要长。亚轨道飞行可以让人感受几分钟的失重，而且还能看到近5000千米的地球弧线表面。比如'太空船2号'会飞到100千米以上的高空，大约能体验5分钟左右的失重。"

"那……这会很难吧？"

"对。因为要专门研制新的飞机，普通飞机可飞不了这么高。"

■ 双级式亚轨道游览飞机示意图

"那一定很贵吧?"

"研制一架飞机至少需要几千万美元。"

"不过别担心,微软公司的保罗·艾伦可是赞助了一架飞机呢。"多多说。"而且还有中东的富豪进行了大笔的投资。"

太好了,小明高兴地想。

"那什么时候能开通亚轨道旅游呢?"小明急切地问,脸上充满着渴望的神情。

"会很快的。"

"准备开始了?"小明感到好兴奋。

"是的。开展业务的是维珍太空旅游公司,预计2015年就能进行首次载人商业飞行了。"

"这么快,真的要实现了吗?"小明有点不敢相信。

"维珍公司已经在美国新墨西哥州沙漠地区建设了叫做'美国太空港'的新总部,还建设了飞机制造工厂,初步计划生产三架'白骑士2号'和五架'太空船2号。'"

"好壮观哪!"看到维珍公司的总部大厦,小明感叹。

"那什么时候卖票呢?坐一次要多少钱?"

"票已经早就开始卖了。票价大约是每人20万~25万美元。公司计划在订单达到600份左右时启动商业太空旅游服务。"

"而且,为了让大家放心,公司创始人理查德·布兰森和他的家人也将参加太空飞船的首次商业飞行。"

"已经有多少人订了票?"小明赶紧问。

"2014年初,维珍公司表示已卖出了680张船票,并已收到8000万美元的订金。"

"所以可以开始了?"

"据说,会先进行试飞活动,下半年可能启动商业飞行任务。"

"太好了!"小明喜出望外,虽然自己不能加入这次飞行,但他仍然高兴,因为太空旅游的进展已经就在眼前了。

"不过该公司还要拿到美国联邦航空管理局(FAA)的商业执照。"

这个当然要,小明想。

"那将来多久才会飞一次呢?"小明关切地问。

"维珍公司的设想是,将来每周进行一次飞行,之后可能逐步增加到每天一次飞行。"

那可太好了,小明想。

"我们再来说说单级式亚轨道游览飞机吧。"多多的声音打断了小明的憧憬。

"它兼有运载机和轨道机的双重功能,能够独立飞往亚轨道,是比较理想的旅游工具,不过技术难度比较高。"

小明点了点头。

"单级亚轨道飞机有研制成功的吗?"小明有点不甘心地问。

"有。"多多的回答让小明有点喜出望外。"就是XCOR宇航公司的'山猫'亚轨道飞船。"

这个教授也说过，小明记得，"山猫"的飞行速度特别快，这家公司还想开发国际长途航班呢。

"'山猫'飞船可是非常特别的。"多多的声音传来。"它可能会和你有关系。"

"嗯?"小明有点奇怪。"为什么?"

"首先，'山猫'飞船也计划2015年首飞。"

"也这么快?!"小明确实有点意外。

"而且，它会接待中国游客。"

"太空船不接待中国游客吗?"

"不好说。"

"不过，'山猫'飞船的经营者——荷兰太空探险公司（SXC），已经与中国探索旅行公司签约，正式接受中国游客报名，而且现在通过淘宝旅行也能下单。"

"太好了!"小明高兴地跳了起来。

"最重要的是，'山猫'飞船的票价更便宜。"

小明睁大了眼睛，屏住了呼吸，目不转睛地望着屏幕上的多多。

■ 单级式亚轨道游览飞机示意图

"每个人9.5万美元。"

"只有太空船2号的一半?!"小明有点不敢相信,幸福似乎来得有点突然。

"是的。不过首批推出的旅行席位只有100个,亚洲共分配到12个。"

"报名的人多吗?"

"应该已经报满了。估计只能等到'山猫2号'进行太空旅行了。"

"那'山猫'的飞行高度是不是没那么高?"

"对,'山猫'的飞行高度为60千米。应该在高层大气中,但游客已经能体会到失重的感觉,并能欣赏到地球弧线等太空景色。"

"实际上,也有人称这种高度的旅行为大气高层旅行。"多多补充说。

"会飞多长时间呢?能看到长城吗?"

"全程大概1小时。由于飞行时间较短,所以只能看见不到三分之一面积的地球,也很难看到亚洲大陆和中国。"

"噢。"小明有点沮丧,虽然他还参

加不了这次飞行。

"对了,'山猫2号'的飞行也是在大气高层吗?"

"'山猫2号'是真正的亚轨道飞行,可以将乘客送到距离地面103千米的高度,速度会更快。"

"那一定更贵吧?"

"是的,大约每人22万美元,和维珍公司差不多。"

"还是很贵啊!"

"是的。现在亚轨道旅行业务毕竟刚开始,成本有点高。"多多说。

"不过目前,维珍公司可能会将其服务拓展到亚轨道货物运输以及微重力环境科学实验领域,让政府承担一部分费用。"

听到多多的话,小明特别高兴。他希望更多的人来参加太空旅游,好让旅游的价格能更加"亲民"。也许,将来真的就像坐"巴士"那样方便了……

三、真正的太空之旅

"那还有没有其他的亚轨道飞机呢?"小明急切地希望有更多的"太空巴士"。

"从事这类业务的公司不少,但进展快的不多。"多多解释说。

"欧洲曾经展示过一个单级式小型亚轨道游览飞机的方案。"

"那用什么发动机呢?"

"两种都有。飞机从普通机场跑道

起飞,利用航空发动机飞到12千米高度,然后启动火箭发动机。"

"噢?能飞多高呢?"

"大约60千米,需要80秒,然后继续依靠惯性飞到100千米,这时游客能体验3分钟的失重状态。"

"要飞多久?价格贵吗?"小明关切地问。

"整个过程差不多一个半小时。计

划投资 10 亿欧元，每人次收费约为 15
万 ~ 20 万欧元。"

"最后一种太空旅游方式是正式的
轨道飞行。"多多的声音再次传来。

"就是真的进入太空了？"

"对。它是真正意义上的太空旅游，
指从地面到达地球轨道、行星轨道及更
远太空并安全返回的旅游。"

"这么远！"小明既兴奋又担心。

"对。不过这是广义上的概念。目前
即使是航天员也还没有到达比月球更
远的地方。所以现在轨道旅游主要是指
近地轨道的旅游项目。"

"近地轨道？"

"差不多 500 千米以内吧。"

小明吐了吐舌头，这比亚轨道又高
出了不少，看来真的是进入太空了。

"那这个……难度更大了吧？"

"是的。这次必须使用火箭发射，必
须要突破第一宇宙速度。"

"那一定非常贵了吧？"

"没错，平均每人 2000 万 -4000 万
美元。目前还只有超级富翁能够享受。"

"而且现在还只有俄罗斯通过'联
盟号'飞船飞往国际空间站的服务。"
多多补充道。

"不过目前这种业务还采用的是比
较'原生态'的旅游方式。"

"什么意思？"

"目前还没有专门开发出一些旅游
的设施和项目，比如更加舒适的往返交
通工具和太空生活环境，专门的太空导
游和娱乐化的体验项目，专业的接待流
程，更没有多语种的解说语言……"

"你是说……那些飞到太空的富翁
……"

"是的，虽然是超级富豪，而且代价
不菲，但他们还必须学习俄语，否则很
难听懂其他航天员说的话。"

小明替这些富翁觉得委屈。

"因为毕竟能去旅游的人不多，所
以还没有必要专门开发这样完整的服
务体系。目前，轨道旅游还只是太空科
学实验工作的'副业'。"

"就是说只有去的人多了，才会有
变化？"

"对。要市场足够大才行。"

小明默默点了点头，看来进入太空
旅游还需要一段时间，至少近期，最有
希望的还是亚轨道的旅游。

"不过进展还是很快的，一切都在
发生着积极的变化。"

"哦？"小明有点低垂的额头再度扬
起，双眼中再度燃起新的希望。

"比如美国的'商业乘员开发计划'
就在快速推进，目的就是要推动更多
'太空巴士'涌现出来。"

"商业乘员开发计划"，小明记得多
教授讲过。

"我知道，有'追梦者'和波音公司
的 CST-100。"

"教授还给我看过 CST-100 飞船内
部的设计图片，里面的设计很舒服，挺
现代的。"小明回忆道。

"这就是它的目标，商业太空旅游，
所以它必须要考虑舒适性。"

"那进展得怎么样?"

"波音公司的CST-100飞船年初已经完成计算机虚拟试飞,计划2015年进行无人轨道测试、无人逃脱系统测试,并载人飞往国际空间站。如果一切顺利,最早会在2016年开始进行商业飞行。"

"这么快?!"小明简直不敢相信。

"对。其实入选第一轮'商业乘员开发计划'的还有一家,是轨道科学公司的'天鹅座'飞船,它已经成功完成了与国际空间站的首次对接任务。"

这时小明看到屏幕上出现了"天鹅座"飞船被国际空间站机械臂捕获的图片。

真棒!小明由衷地想。

"对了,刚才您说第一轮'商业乘员开发计划',是不是还有第二轮?"

■ "天鹅座"飞船被国际空间站机械臂捕获

"是的。比如蓝源公司的New Shepard飞船就入选了,不过目前研制情况高度保密。"

"这个挺神秘的。"小明看着图片说道。

"更神秘的是蓝源公司的创建人。"

"哦?!"

"他就是亚马逊公司的创始人Jeff Bezos。"

"啊!"小明大吃一惊，又一个搞网络技术的，太空探索公司的创建人就是硅谷的。

"真够'穿越'的，看来科技真的是"相通"啊!"小明脱口而出。

"真是太好了!"小明开始体会到，加入的公司越多，市场越大，这个"体系"就会越完善，越会有更好的太空旅游产品，价格也会越"亲民"。

"对了，还有提供货物运输的'天龙号'，也在向载人运输努力呢。"小明自己补充说。

"是的。其实轨道旅游目前也可以有两种方式。"多多慢慢地用瓮声瓮气的声音说道。

"哦?"

■ 蓝源公司飞船艺术概念图

"一种是通过飞船把游客送到空间站上，可以较长时间的体验太空中的生活和工作，不过短期来看还很贵。"

这时，小明的眼睛亮了起来，开始有所期待。

"还有一种方式，就是只乘坐飞船，不进入空间站，做一次短途旅行。"果然，多多说出了另一种相对"简单"的方式。

"这样也能体验几天的太空环境，价格上也会低一些。"

"如果飞船做得比较舒适，体验的感觉就会更好。"多多补充道。

是啊！小明心里盘算着，体验抛物线旅游至少要 1 美元，亚轨道旅游 10 万~20 万美元，轨道旅游收费约 2000 万~4000 万美元，简单版的短途轨道旅游嘛，不知道将来有没有可能降到几十万美元的水平。不过现在已经有了这么多商业飞船在研制，看来这一天也不远了，说不定将来这些价格都会降下来呢……

四、丰富多彩的旅游项目

"目前，人类能到达的太空旅游景点还只有国际空间站，这并不是最好的目标。"多多说。

"那是为什么？"

"因为国际空间站最初并不是为太空旅游设计的，而且上面还在进行着各种科学实验，所以作为旅游的目的地并不理想。"

"哦？"

"不过像波音这样的公司已经在考虑访问商业空间站的问题。"

"商业空间站？"

"对。已经有公司设计出了商业空间站。"

"已经有了吗？"

"这是毕格罗公司设计的'起源号'空间站。"

看到屏幕上的图片，小明瞬间睁大了眼睛。

"它采用 NASA 的可膨胀运输居住舱方案。"

"可膨胀的？"

"对。这样发射的时候占得体积小，易于发射。"

"好先进啊！"

"不过既然是 NASA 的技术。NASA 自己为什么不搞呢？"

"NASA 虽然开发了这种技术，但由于航天预算削减，没有后续经费，就没做出来。后来毕格罗公司买了这项技术专利。"

有点像家里饮水机上的矿泉水桶。看着图片，小明想。不过，真的很神奇！

"这个家伙好像个头不小啊。"

"直径 8.2 米，比国际空间站上的'哥伦布'实验舱'粗'了将近一倍。"

"它够结实吗？"

"别担心，它采用混合结构，核心部

分是能承力的刚性结构。"

"你可以想象一下，它的框架是刚性的，有点像野外露营的帐篷。"看到小明摇头，多多打了个比方。

"可是太空不是有很多碎片和辐射吗?它能行吗?"小明有点怀疑。

"这个在设计的时候是充分考虑过的。"

"它的表面由多层高强度隔热层组成，壳体底部有24层，能抵御速度是子弹的7倍的空间碎片和小流星体撞击。"

"那温度呢?太空温差那么大，它能行吗?"小明又问，俨然一个"小专家"的样子。

"它采用了叫做'纳克斯泰尔'(Nextel)的材料，具备良好的隔热能力，这种材料通常在地面上用作汽车引擎罩的隔热材料。"

想到汽车引擎燃烧的高温环境，小明感觉放心多了。

"哈哈，有3层呢。"

"其实是4层。"

"哦?"

"最上面一层是通道层，是与其他飞行器连接的区域。"

"我知道了，就是那个像'瓶口'的地方。"小明心里偷着

知识卡片:空间碎片

太空中的物体统称天体，天体分为自然天体和人造天体，后者包括航天器和太空碎片。

太空碎片是指在太空中运行的废弃的人造天体。一般包括不再工作的航天器、用完的运载火箭末级、抛弃的整流罩、爆炸及碰撞产生的碎片、航天员扔到太空的垃圾等。这些碎片是人造的，本不属于太空，并已废弃不用，所以又称为太空垃圾。

目前，太空碎片在数量上绝大多数是因爆炸或碰撞产生的碎片，这些爆炸或碰撞，有些是有意的，如太空试验，有些属于意外。

太空碎片运行速度一般在每秒几千米到几十千米，是子弹的10倍以上，即使轻微碰撞

也可能造成航天器及舱外活动航天员的严重损伤。一块10克重的太空碎片撞上飞船，相当于两辆小汽车以100千米的时速迎面相撞——飞船会在瞬间被打穿或击毁。而目前在地球附近，重1000克的大碎片已经有10000多个，这样的碎片在载人航天器的飞行中必须避开，而其他稍小的碎片数量更多。

人类对太空碎片的飞行轨道无法控制，只能粗略预测。这些碎片就像高速公路上那些无人驾驶、随意乱开的汽车一样，它们是太空交通事故最大的潜在"肇事者"，对航天员和航天器构成了巨大的威胁。目前，美国和俄罗斯发展了相对完善的太空碎片监测网。

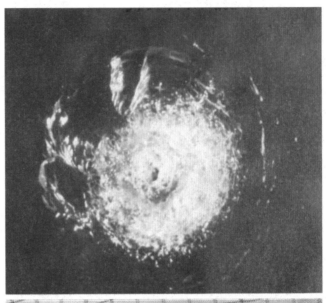

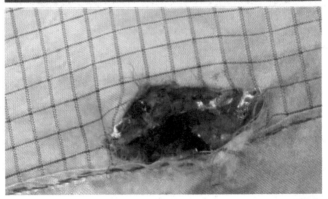

A　被空间碎片击中后航天飞机舷窗上形成的凹坑

B　被微流星体击穿的国际空间站外防护罩

乐,真像。

"对。第三层主要是健康训练中心,有脚踏车等健身设备,以及一些医疗设备,还有一个'空间洗浴区',一个储藏区。"

考虑得真周到,锻炼完了还能洗澡,小明想,商业的就是不一样啊。

"另外,训练区有1个直径51厘米的观测窗口,可以边锻炼身体,边欣赏太空美景,观看地球和星空。"

边锻炼边看太空,那一定很美,小明想,这可太酷了。如果碰巧有航天员在太空行走时飘过窗外……

"第二层是居住层。"

"里面什么样?"小明好奇地问。

"有六个单独的'房间',每个房间2.3立方米,里面有睡袋、个人物品存放区,还可以放计算机。"

"那最下面有什么呢?"

"底层是会议室、餐厅和厨房。"

"里面有电冰箱、微波炉、水箱和炊具等厨房用品，1张有 ■ 航天员飘过窗外
12个座位的餐桌，是开会和就餐两用的，还有1扇窗。"

小明点着头，脑海里想象着航天员"坐"在一起开会、就餐的情景，那应该很好玩，人和食物、文件是不是都飘在空中呢？……

"那后来呢？"

"毕格罗公司已经发射了'起源'1号和2号实验舱，初步验证了可膨胀技术。后续还研制了'太阳舞者'、'银河'、'鹦鹉螺'3个舱。"

原来已经进展很多了，小明暗暗想，真是太好了。

"原来可以有这么多太空旅游的方式！"小明兴奋地说。"真是太好了！"

"其实人们最初还有更多、更大胆的太空旅游设想。"

"哦？还有吗？"

"不过目前看有一些近期还不容易实现。"

"都有哪些呢？"小明不免好奇地问道。

"比如各种失重运动。"

"失重运动?想躲避球那样?"

"差不多吧。这个可以充分展开你的想象力。比如零重力公司曾经提出修建零重力体育馆,举办太空的世界摔跤比赛。"

"哈哈……哈哈哈……这个肯定会好玩。"小明大笑。

"他们还想举办'太空锦标赛',比赛项目是'抛物足球',并进行电视转播,让全世界的人都看到。"

"真的?"小明不禁想到了刚刚结束不久的巴西世界杯足球赛。

"他们甚至还设想了开展太空水上运动。"

"那怎么进行呢?太空的水又不能汇聚成泳池。"

"它们的设想是,在一个大大的水滴里进行跳水运动。"

"噢!这可太有想象力了!真酷!"小明不禁赞叹。

"是的。除了体育比赛,该公司还设想举办零重力时装表演。"

"噢!"小明想,这个主意也不错,应该挺有意思的,不过太空穿的衣服应该会跟平常地面穿的大不一样吧?

"不过最大胆的还不是这些,而是犰狳公司的极限运动设想。"

小明不禁屏住呼吸,等待多多给出答案。

"这就是太空跳伞。"

"太空……跳伞!?"小明觉得呼吸都快停滞了。

"对,不过其实是从35000米高空跳下来。跳伞者最初会以4000千米每小时的速度下落。"

啊,太厉害了。这可比蹦极厉害多了,地面上的超级跑车和高铁时速也不到300~400千米。小明全身的肌肉紧张起来,尤其是眼睛和胃部绷得紧紧的。

"这是真正的自由落体,之后会打开减速伞,时速会降到190千米,并在2千米高度附近,打开主降落伞,最终安全降落。"

"一共有多长时间?"

"整个过程大约10分钟。"

这可真是"极限"运动!小明不禁想。

"这个,人受得了么?"小明问道。

"必须穿上特制的防护服。1960年有人从31000米高空跳伞时,由于右手手套破了,手马上肿得像个气球。"

"啊!"小明大吃一惊,不仅因为高空跳伞的严重后果,更因为居然有人已经跳过了。

"真的已经有人跳过了?"

"是的,这是迄今保持的最高跳伞纪录。不过他的最高时速是1100千米左右,虽然也超过了音速,但仍然离犰狳公司设想的4000千米差距很大。"

小明已经佩服的五体投地了。这时他看到了图片。

咦,这个真像"钢铁侠"!难道好莱坞的电影《钢铁侠》是受到了犰狳公司太空跳伞项目的启发?

五、如何成为一名合格的太空游客

"可真够大胆的。"过了一会儿，小明喃喃地说。

"犰狳公司一贯以开发大胆前卫的太空探险项目让人瞩目。"

"哦？他们还有别的'大胆'设想吗？"

"是的。比如他们曾提出要研制一艘完全透明的球形"鱼缸太空船"，让游客可以欣赏到360度全方位的壮观太空景色。"

"呀！好漂亮啊！"小明看到图片后不仅称赞道。"真的像童话一样。"

"而且一张'船票'大约10万美元。"多多补充道。

小明点点头，要是能实现就好了。这么多的太空旅游的奇妙想法，看来人类的智慧和想象力真的是太伟大了……

又是一个周末。这一周的每个晚上，小明几乎都在丰富多彩的太空游的梦境中度过。

"今天我们学什么呀？"一来到"斯塔克"大厦的视频资料馆，看到屏幕上出现的多多，小明就兴奋地问道。

"如何成为一名合格的太空游客。"多多瓮声瓮气地回答。

"这个我喜欢。"小明兴奋地表示。

"主要包括几个方面。一是要身体合格，然后要学习和掌握一些太空基本知识，最后还要在升空之前进行一定时间的封闭训练，以掌握基本要领，熟悉安全规范，锻炼体能，适应失重环境。"

"噢。封闭训练的时间要多久呢？"

"作为游客，这个时间不会太长，但如果是要进行亚轨道旅游的话，一般是几天时间。"

"那航天员应该训练的时间长多了吧？"

"是的。航天员的封闭训练时间至少会在半年左右，而且训练项目也会多很多。"

小明点点头。

"身体合格很重要吧？"小明十分关心地问。

"普通人进入太空有四个难点：一是微重力环境对人体的影响；二是起降过程中的超重；三是活动空间狭小带来的影响；四是心理因素和身体条件。所以要采取一些应对措施。比如考虑到太空的严酷环境及发射和返回的超重，对太空游客的身体条件会有所要求，但不会像选拔航天员那样严格。"

"怎么样才算合格呢？"

"这个各国、各个时期的标准也会不一样，主要以体检结果为主。一般不能有血液、心脏、运动方面的疾病，另外对身高、体重、视力可能会有所限制。"

"噢。就像蹦极一样，患有高血压、心脏病，甚至高度近视都不行？"

"是的，肯定不行。不过将来随着技术的发展，这个标准会越来越宽。"

"哦?为什么?"

"因为新技术会带来更高的舒适性,而对人体的条件限制会不断降低。比如航天飞机就已经把飞向太空的超重降低到3g的水平。"

"为什么要限制身高和体重。"

"因为初期的飞船可能空间和承载的重量有限,不过只要不是像姚明那样的块头,应该问题不大。"

"这些标准……嗯……怎么得出来的呢?"

"一般会参考任务执行人员的身体标准。"

小明摇了摇头,表示不明白。

"参加航天飞行的航天员分两种,一种是驾驶员,这个选拔标准非常严格,一般都从飞行员中挑选;另一种是和飞行实验任务有关的专家,他们上天的主要工作是做实验,所以标准就可以相对放宽。"

"原来是这样。"小明边听边点着头。

"在美国的航天飞机任务中,还区分了任务专家和有效载荷专家,后者要求最低。"

"那游客都需要掌握哪些太空知识呢?"

"当然是越多越好。至少基本的常识必须知道一些,以避免'出状况'。"

"哦?"

"比如要知道超重和失重,避免遇到时惊慌失措。"

这个小明已经体验过了,他点点头。

"再比如在太空,物体将飘在空中,液滴会呈球形,液体中的气泡不会浮上来……"

这个小明记得,王亚平阿姨在太空展示液体表面张力实验的时候,先把一个金属圈插入饮用水袋中,慢慢抽出后,形成了一个水膜。往水膜上注水,水膜很快变成一个亮晶晶的大水球。再向

■ 太空中呈球形的水滴(飘在空中,气泡不会浮上来)

水球内注入空气，水球内形成球形气泡，而且不会飞出水球表面，当时觉得真是太神奇了！

"……在太空站着睡觉和躺着睡觉感觉一样……走路务必小心，稍有不慎，将会'上不着天，下不着地'……食物要做成块状或牙膏似的糊状，以免碎渣'漂'进眼睛和鼻孔……"多多继续说着。

"这个太好玩了。不过，是不是还有很多东西呀？"

"如果参加太空旅游，应该会有一个完整的培训教程的。"多多说。

"另外，微重力环境对人体的影响有太空运动病，还有骨骼和肌肉力量的损失，这些对于短期的太空旅行影响不大，但对长期太空旅行会有影响。"

"那封闭训练呢，有哪些内容？"

"主要是集中培训，并进行一些针对性的体验，比如发射时的震动以及超重、失重体验。就像你前两周体验的那样。"

小明点点头。真要在太空待的时间长了，可能回来要站不住了吧，至少要恢复一段时间，可能会不习惯"走路"了，或者不习惯东西会往地上"掉"了……真有意思，小明想。

"还有就是让游客有一个适应的过程，比如可以通过吊绳模拟，让游客悬在半空中一段时间，做一些动作，体会一下太空移动的感觉，比如航天员会利用吊绳模拟出舱等动作。"

"就是把人用绳子吊在半空中？"

"对，这是比较简单的训练方式。因为在太空，人行动起来会感到困难和不方便，动作都不像在地面上那样协调。"

"坐立不稳，摇摇晃晃，稍一抬头仰身就有可能来个大翻身，弯腰时又可能翻筋斗……"

■　航天员利用吊绳模拟出舱动作（钻出舱门）

小明吐了吐舌头,心里想,这个真有点像上吊。他偷偷地乐了。

六、太空生活指南1:进入太空

"我们还是看一下以前航天员或太空游客在太空中遇到的一些生活情况吧。"多多建议。"这样可以更直观地体会太空游。"

"太空生活指南?"

"差不多吧。对于没有做过又充满好奇的事情,最好的办法就是问有过经验的人。"

小明点点头,好像多多说的不光是指太空游这件事,而是做很多事情的"通用"的道理。

"先看看体检这一项吧。你知道第一位进入太空的游客是谁吗?"

"是美国人蒂托,是个大富翁。"小明答道。这个可难不

■ 太空生活指南

倒他，多教授讲过的，而且小明回去还在网上查了资料。

"不过他已经60岁了，为什么还能通过体检？"小明有点不解地问。

"这说明年龄其实并不是最重要的因素。"

"其实就像高原反应一样，很多身强体壮的年轻人反应很强烈，而一些似乎体弱多病的人反倒没事。"多多解释道。

小明若有所思地点了点头。

"蒂托就是这样的。他在莫斯科星城的离心机高难度训练中完成得非常好。"

"哦？那他还做了什么？"

"他还学会了更换二氧化碳容器和其他生命维持系统的操作。"

"真了不起。不过……他不是一名游客吗？"

"蒂托虽然是一位观光客，但他也必须完成特定的使命。"

小明点点头，不过他也很喜欢去体会动手操作的乐趣，这样多有成就感哪。

"还不止这些。蒂托在空间站上'不小心'弄坏的所有物品都要'高价'赔偿。"

"哇，这个有点'坑爹'！"小明叫道，但随即又好奇地问，"他都弄坏了什么东西呢？"

"比如一根吸管，赔了5.5万美元。堵塞厕所，大概150万美元……"

"啊，这么贵！"小明张大了嘴巴，有点不敢相信，看来轨道飞行最初的代价真是太大了。

"那几天，空间站上出了任何问题，大家都首先要查看一下是不是他又'闯祸'了。"

"他为什么老是'闯祸'？"

"因为经验不足，还有好奇。"多多说。"不过后来就好多了。"

小明的担心平静了下来。似乎这些与自己有着很大的关系。

"下面我们看看发射的感受。你已经了解了发射时的震动和超重。但还是让那些太空游客亲口告诉你吧。"

这时屏幕上切换到一段视频，里面出现一个人，下面文字写着——"第二位太空游客，马克·沙特尔沃斯，南非。"

马克在屏幕上说："一开始，你什么都看不见，你在黑暗之中，你能感受到一连串的燃烧，然后，突然一声巨响，所有引擎都关闭了……当飞船冲出大气层，外面包裹的东西脱落后，亮光突然到来，你清楚地看到了地球的轮廓，天空在大白天里一片漆黑，你已身处一个陌生的环境中……"

这时，屏幕上出现了一个东方面孔，下面写着"华裔航天员，焦立忠。"

"随着隆隆闷响，火箭上下震动了几下……感到喘不过气，像巨石压身，耳朵里全是'咚咚'的心跳声，椅子晃得就像发生地震一样……"

"然后突然一震，背后的压力消失了，身体在惯性作用下向前冲，却被安全带重重拉回到座椅上。解开安全带后，人飘了起来，胃里的食物在向上涌，脑袋昏沉沉的,四肢无助地散开在身体周围,就像坐上一部没有尽头的自由下落的电梯……"

小明的心随着航天员或是游客的诉说,在不停地起伏,如同亲临现场一般紧张。因为一些感觉他已经体会过了,能引起他强烈的共鸣;但还有一些感觉他没有过,感到十分好奇。

这时,屏幕上出现了美国第一位"太空教师",是位女航天员,名字叫作芭芭拉·摩根,她似乎正在国际空间站上通过远程视频进行"天地对话",回答着地面同学的提问。

"从太空看地球,白天和黑夜的分界线非常明显。我看到一条细的蓝线……日出时刻,是难以置信的层层蓝色……太阳光是耀眼的金色……难以想象地球是唯一有生命的星球……"

"星星不再像地球上看来那样闪烁,因为没有大气层,没有污染,所以更加清晰……"

当中国南京三中的同学问道,"您能从空间站看到中国的长城吗?"摩根表示没有看到。

从国际空间站上看的极光现象

这时,屏幕上出现了从太空中拍摄的视频。举目望去,可以看到远处弧形的地平线,蓝白相间的地球在下面,大

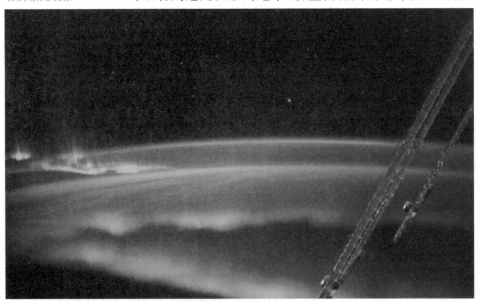

海、白云、陆地时隐时现，缓缓向身后"驶去"；漫天的星星，仿佛镶嵌在黑色天鹅绒大幕上一颗颗晶莹的宝石，闪烁着光芒；每隔45分钟一次气势磅礴、震撼心灵的日出日落，在地面无法想象，真是奇妙无比；透过舷窗，可以看到终生难忘的景色，美丽的极光……

小明陶醉在屏幕上播放的太空醉人的景色中，仿佛置身其中，如痴如醉，直到房间里的灯光重新亮起。

"真是太棒了！"小明大声赞道。

"视频资料馆里搜集了很多这方面的资料，有些还在整理，不过你可以去看一些和太空有关的电影，里面也有这方面的镜头，有些拍得很真实，效果会更好。"

"哦？能推荐一下吗？"小明颇感兴趣地问道。

"比如'国际空间站'、'地心引力'、'阿波罗13'等，都是不错的电影。"

小明点了点头，回去要好好找一下，先过一下"眼瘾"。

七、太空生活指南2：舌尖上的太空食品

"对了，在太空都吃些什么呢？"
"需要吃专门开发的太空食品。"

知识卡片：太空食品

航天员在太空吃的食品叫作太空食品

太空食品是针对太空这一特殊环境专门制作的，必须满足一些特定要求：比如要在太空方便进食，包括容易进行加热或加水的操作，在微重力状态下进食不容易四处飘散等；要易于消化，符合严格的卫生要求，避免引发健康问题；要有足够的营养，以补充航天员在太空中体力的快速消耗和身体所需；要符合航天员的口味和饮食习惯，一般会分为通用型和个人爱好型两种，同时各国航天员会有不同的口味，如日本航天员喜欢吃面，而我国航天员习惯吃中餐；要易于长期储藏，毕竟太空的食品补给周期不会很频繁

太空食品大致可分为两类，一类是日常食品，主要包括各种即食食品，需要加水食用的复水食品和饮料，需要加热食用的包装食品，融化后食用的冷冻冷藏食品，以及不需处理直接可食用的自然食品（如一些新鲜水果、蔬菜、面包、果酱等）。

另一类是特殊情况下食用的食品，包括延长飞行任务时食用的备用食品，发生意外时需要穿着航天服食用的应急食品，以及舱外活动时食用的食品。

"是一定要做成糊状吗?"

"太空食品有一些特别的要求。比如不能太干,不然难以吞咽;但水分又不能太多,否则在微重力状态下会四处飞溅,而且也没有了咀嚼食物的乐趣。同时还必须要注重营养搭配。"

小明似懂非懂地点着头,心里想起了妈妈在吃饭问题上经常对他说的话。好像很像吗,小明偷偷地想。

"其实最初的太空飞行中,航天员最痛苦的就是饮食太差。"

"哦?!"

"那时的太空食品基本上像浆糊一样,含有一定水分,又不会飘走。不过吃的时候就得从像牙膏一样的管子往嘴里挤。"

"那只能做成这样吗?"

"还有一种就是压缩成小肉丁。"

"怎么吃呢?"

"吃到嘴巴里,必须靠唾液慢慢软化,才能咽下去。"

"那不是一点都没有吃饭的快乐吗?"小明觉得,这个太"难以忍受"了。

"还不止这样。"多多继续说。

"太空食品一般都淡而无味,所以航天员感觉总是想吃东西,没吃够。而且,如果你没看说明的话,你并不知道自己吃的是什么。"

"那为什么不能像在地面上一样吃东西呢?飞机上不是也可以吗?"

"因为科学家们开始认为,在太空失重状态下,咀嚼和吞咽食物会很困难。"

"原来是这样。"

"不过后来经过长期实验,证明这些担心完全没有必要。"

"那是不是就可以随便吃了?"小明有点兴奋,虽然觉得不太可能。

"不是的,不过一般只要有营养、清洁卫生、方便进食就可以了。所以太空食品得到了大幅的改进。"

"现在都有哪些?"

"大体上有五种。一是普通的罐装食品,比如鱼、布丁等;二是低水分的食物,比如各种水果干;三是脱水食物,这需要加水后才能吃;四是各种原始的普通食品,比如新鲜的水果、蔬菜、面包等;最后是饮料,但得是粉状的,比如各种即冲即饮的果汁粉。"

"就是'果珍'?"

"对,差不多。"

"那在太空怎么加水呢?在地面上又是怎么做出来的呢?"

"把从超市里买回来的食品,一般进行冻干处理或重新包装成食品盒就可以了。在太空吃的时候,向食品盒里注水,然后加热就能吃了。"

小明边听边点头。

"最麻烦的是脱水处理,因为要先烹调好,再通过冻干过程去掉水分。"

"为什么要做冻干处理呢。"

"因为这样能保存很长时间呀。太空中早期是没有冰箱的,现在即使有,也大部分用于保存实验物品。在太空保存食品目前看起来仍然有点奢侈。"

"不过如果太空没有冰箱的话,岂不是只能在头几天才能吃到新鲜食品?"

"是的。之后就只能吃冻干食品了。"

"为什么要放在食品盒里呢?"

"为了在太空吃得方便。就像飞机上一样。"多多解释道。"不过封装的过程是在'洁净室'进行的,工作人员要'全副武装',仔细称重,无菌操作。"

"就像在医院手术室一样?"

"是的。每样东西都经过氮气冲洗,然后真空密封。"

"为什么?是不是太夸张了!"

"一点都不夸张,因为在太空中,人的免疫能力会下降。"

小明一下子想起来了,他点了点头,看来还是非常必要

A

B

A 太空的各种罐装食品

B 太空食品的加工制作

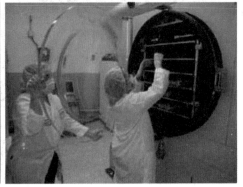

的,在太空里生病可不是好玩的。

"对了,为什么用氮气冲洗?"

"为了冲洗掉残留的氧气。"

"氧气会导致食物腐败变质。"看到小明摇头,多多解释道。

"怎么往食品盒里加水呢?"

"用注射器,就是'打针'。"

"那加热食物要多久?"

"这个比较长,差不多半小时。"

要这么久?小明有点意外。

"在太空怎么'吃'呢?"

"可以像地面一样把食物送到嘴里,但这样经常会出状况,比如送到鼻子上或者下巴上。"

"咦!这是为什么?"

"因为在失重环境中,人类耳蜗中的位置感受神经已经'罢工'了,而且手的动作也不灵活了。"

"那还能怎么吃呢?"

"还可以把食物放在空中,用嘴去咬。"

■ 聂海胜在太空中进餐

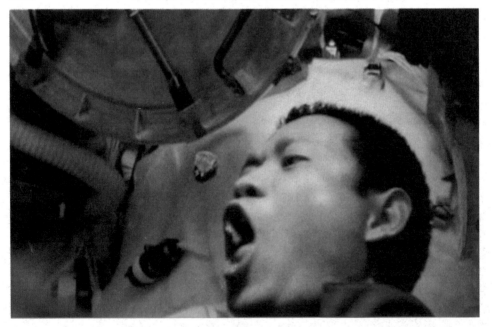

"这个真好玩！"

"不过最关键的是，嚼东西的时候一定要闭着嘴，否则食物碎屑就会四处飞溅了。"

小明笑了。怪不得爸爸妈妈说，吃饭的时候不让说话呢，看来真的是很有道理呀。

"对了，有没有东方一点的饮食，感觉好像主要是以欧美的食品为主。"

"有。比如日本人喜欢吃拉面，日本的日清公司就开发了一种'太空拉面'。"

"太空拉面，那面怎么泡啊？水不会四处飘走吗？"小明觉得这个想法好大胆。

"所以在水里加入了淀粉，会变得黏稠。"

"其实麻烦还不止这些。"

"哦？"

"比如面条本身是细长的，在太空会很难吃下去，所以做成了一团，以便一口能吞进去。"

这个挺好玩的，小明想。

"还有航天飞机规定不能使用超过70摄氏度的水，所以必须让面条在70摄氏度也能泡软。"

"为什么不能超过70摄氏度？"

"可能因为水滴如果四处飞散，会造成伤害吧。"

"噢。"小明点点头，这个很重要，安全第一。

"那也有中餐吧。我记得电视上说杨利伟叔叔吃的是鱼香肉丝、宫保鸡丁。"

"是的。中国的航天食品已经有近百种，航天员能在太空吃到家乡菜，这可是让外国航天员羡慕不已呢。"

本来嘛，中国菜才是真正的美味，小明的自豪感油然而生，他又想到了最近经常看的电视系列节目——《舌尖上的中国》，相信以后太空中，中国菜也一定会越来越受欢迎的。

八、太空生活指南3：高难度的"如厕"

"那怎么喝饮料呢？"小明又提出了一个问题。

"用吸管。"

这个和地面差不多，蛮方便的，小明想。

"味道怎么样？好喝吗？"

"不如地面上好喝。实际上脱水后的饮料再加水，味道总会有点不对劲，这个在地面就可以尝试。"

"没有冰箱的话，是不是没法喝冷饮了？"

"也可以，不过难度比较高。"

"哦？"小明有点诧异，又很好奇。

"就是把饮料放在舱外，用太空这个'天然冰箱'。"

"那为什么难度很高？是因为要出舱吗？"

"还因为必须当飞船在太阳的阴影中时才有用，而飞船或空间站的位置是变化很快的。"

小明默默地点着头。

"不过,国际空间站后来重新'装修'了厨房,专门配了一个冰箱。"

"太好了。"

"还有一点,太空基本上是禁止饮酒的。"

小明愣了一下,随即明白过来,喝酒很危险,而且酒精容易燃烧,当然安全是最重要的。

总会有意外的吧,小明心里想。

"万一喝水的时候不小心水滴溅出来,怎么办呢?"小明问道。

多多似乎没有回答,而是在屏幕上播放了一段录像。

只见航天员们从专门的饮料袋中挤出几滴红色饮料,饮料液滴随即飘散在"空中",呈现球泡状,四处乱飞,几名航天员于是也飘在空中,四处追着去"吞食"这些液滴。

"哈哈,真好玩!"小明高兴地拍手叫好。

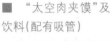
■ "太空肉夹馍"及饮料(配有吸管)

"看来偶尔有点意外也不是坏事嘛。"小明表示。

"像在空中'喝'饮料这样的'意外'，航天员早已经很熟练了，有时会故意造成'意外'，制造一些快乐。"

是啊，不然长期待在太空可能会很闷的，小明想。

"不过必须要能控制住，不能影响安全。"多多补充道。

"对了，太空上的饮用水都要从地面带上去吗？"

小明想，人可是一天也离不开水，往太空中运水，这可要花很大一笔钱呢。小明记得每次出去玩的时候，他最不愿意做的就是要背着几瓶矿泉水了，真的很沉，但又不得不带。

"最初一直是从地面运送的，这也是货运飞船每隔一段时间必须发射一次的重要任务，而且必须保证发射和对接是成功的。"

小明点点头，是啊，不能让天上的航天员断水断粮啊。

"要知道，在太空，每升水的成本高达10000美元。"

"啊！这么贵！"小明吃惊地张大了嘴巴。

"所以根本不可能让航天员们使劲喝。"

真是太可怜了，小明想，喝水都要受限制。

"不过后来科学家们发明了'太空循环水'。"

"那是什么？"

"其实就是把航天员的尿液、汗液、洗澡水收集起来，通过水循环处理装置处理后，变成饮用水。"

"啊！喝尿啊……"

小明这次虽然吃惊，但马上紧紧闭住了嘴巴。

"对。不过可以放心，因为经过了蒸馏、过滤、氧化、电离等多道程序，饮用标准和地面完全一致。"

"这个……会不会……有……味道？"小明提问有点断断续续的，好像生怕一旦连续"开口"，就会不小心喝到"太空循环水"似的。

"会有一点轻微的碘酒味儿。"

"为什么？"

"为了控制水中的微生物，在最后一道程序中，向水中加入了碘。"

小明默默地点了点头。

"喝起来肯定会很别扭吧？"

"其实也没什么，大自然里的水本来就是循环的，只是通过更大的'生态系统'来实现，我们感觉不到而已。"

"一些地面人员还专门在自己的冰箱里放上几瓶呢。"

小明似懂非懂，不过他知道，可能只是感觉上的"别扭"。

"这台水处理设备是不是很贵？"

"差不多2.5亿美元。"

"那成本不是也很高？"

"是的。但这样可以基本保证饮水供应，而且不用把尿液带回地面处理了，所以能减少货运飞船飞行的次数。"

"况且还开发了新的'水循环处理'技术。"多多补充道。

小明明白了，看来效益还得综合起

来计算。

"对了,在太空怎么上厕所呢?"

"嗯,根据统计,这个问题也是人们最关心的一个问题。"

"哦?"

"在所有'天地对话'中,这个问题被问到的次数最多。"

原来我想问的和大家不谋而合呀,小明想,怪不得爷爷经常念叨"人有三急"呢。

"在太空上厕所,这可是一个技术活,需要练习。"

"上厕所还要练习?!"小明有点吃惊。

"对。首先上厕所必须要固定住脚和下半身。"

"哦?"小明十分困惑。

"否则万一脚或下肢一用力,在失重状态下,人可能就不能'坐'在马桶上了。"

"噢。"小明用力点了点头,自己忘了太空中失重无处不在这回事。

A 俄式厕所
B 国际空间站上的现代化厕所

"还有就是太空中厕所的水不会往下流……"

"啊！对呀！那可怎么办？"小明着急地问道，心里想，要是厕所里的水都飘出来，那岂不是成了"灾难"。

"所以太空厕所要使用'抽气马桶'，用抽气机，靠气流将大小便'抽'走。"

小明松了口气。

"不过这需要人练习和适应。"

"嗯？"小明还不太明白。

"就是屁股要坐得紧贴马桶边缘，使马桶形成密封，抽气才管用。"

"噢。"小明想起了家里马桶堵的时候，妈妈用的皮搋子。

"而且要尽量坐正，让肛门对着抽气口，不然大便有可能会飘出来。"

小明赶紧用手捂着鼻子，似乎已经闻到了臭味。

"那太空厕所是不是也很贵？"过了一会儿，小明松开了手，继续问道。

"国际空间站上的厕所造价为1900万美元。"

好家伙！小明又被"吓"了一下。

"差不多相当于在地面建一个垃圾处理中心吧。不过国际空间站上的厕所曾经出过故障呢。"

"啊！那怎么办呢？"

"幸好只是尿液收集部分有问题，后来航天飞机送了一个新马桶。"

"不过还好，载人航天发展了这么多年，这种情况还是比较罕见的。"

小明点点头，心里想，这个可真不能出问题啊，在地面厕所坏了都很麻烦，更不要说在太空中了。

"为了研制太空厕所，NASA还动员过工作人员进行'捐尿'活动呢。"多多说了件好玩儿的事。

"哦？"小明觉得挺意外的。

"那时休斯顿航天中心在研制新型厕所，每天需要30升尿液进行测试。"

"用水不行吗？"

"水里面没有各种固体杂质，不能测试排泄孔堵塞等问题。尿液可是无法'人造'的。"

看来以后上厕所的时候，也要注意了。主要是屁股和马桶的"相对位置"，再就是要观察一下冲水时候的情况，这里面有很多学问呢，小明想。不过，就是有点"味道"。

九、太空生活指南4：睡觉也疯狂

"对了，在太空怎么睡觉呢？可以站着睡吗？"

"不止这样，在太空中想怎么睡都可以，甚至可以倒立着睡。"

"真的吗？"

"是的，因为在太空是分不出上下左右的。你还可以飘在空中睡。"

小明笑了，他脑海里想象着许多人各自用不同的姿势，有横的、站立的、倒立的，还有斜着的、蜷着腿的，甚至还有贴在屋顶的、飘在半空的……可真够好玩的。

"不过在太空睡觉还是需要适应一段时间的。"

"为了避免在梦中做动作出现意外，在国际空间站上还是给航天员准备了'太空床'。"

"那是什么样的?"小明非常好奇。

"其实就是睡袋，航天员可以在舱内找个地方，比如在舱壁、地面或天花板上，固定好，什么方向都可以，横着或斜着都行。"

"那航天员也会脱掉外衣吗?"

"是的，和地面一样。脱掉外衣和鞋子，钻进睡袋，把拉锁拉到胸口，露出脑袋，系上安全带，就可以睡了。"

"不能把手放在外面睡吗?"小明问。在家里，妈妈经常说他睡觉不老实，总是蹬被子。

"这个最好不要。曾经有个俄罗斯航天员就这样睡的，结果早上醒来的时候被飞向自己的两只大手吓了一跳。"

"哦?怎么会这样?"

"因为你的手臂会飘在太空中，而你完全感觉不到。万一碰到什么设备开关之类的，就麻烦了。"

这个挺有意思的，小明想，看来睡觉还是得"老实点"。

"不过一般开始会很不习惯，感觉像是'悬'在深渊里，有一种恐惧感，所以最初会睡不好觉。"

嗯。小明想起爸爸曾经带他去尝试一种乳胶床垫，躺在上面就有点"害怕"

的感觉，好像总觉得有点"支撑不牢"，时刻担心会摔下去。看来下次还要再去体会一下。

"不过航天员后来就习惯了。他们还特意把固定在舱壁上的睡袋放松，只用一根绳子牵着，享受飘在空中的睡眠感觉。"

那不是像风筝一样吗?小明想，真好玩。

"在太空睡觉一般会带上眼罩。"

"哦?"

"因为太空中的昼夜与地面完全不同，飞船24小时内会经历多次的日出和日落的昼夜交替。"

小明点点头，真是太神奇了。

"那洗脸刷牙怎么办?"小明想起平时的洗漱方式，捧起水泼在脸上，把牙膏沫吐在水池里……在太空中肯定不行。

"在太空中主要是用湿毛巾擦脸和擦手。刷牙的泡沫只要吐在毛巾或纸巾上就可以了。"

这个还比较容易，小明想。

"在太空中洗头就比较困难了。"

"是不是必须得干洗?"小明想起了理发店里可以给头发干洗。

"是的。而且操作比较需要技巧。"

"哦?"

"先要从水袋中慢慢倒水，在头发上做出一个大水泡，然后加入洗发剂轻轻地揉。"

"这个挺好玩。"

"关键是动作要非常轻，不然水珠就到处飘了。"

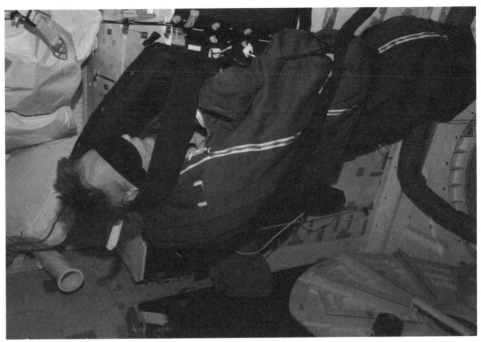

小明认真听着。

"如果想要彻底洗，就只能洗澡了。"

"在太空里洗澡！这个……恐怕有点难吧？"

"确实不容易。必须在一个封闭的容器里进行。"

"就像家里的淋浴房？"小明问。

"差不多。但必须要把脚固定在地板上，防止身体翻滚。"

小明脑子里想象着人洗澡时身体翻滚，四周充满水珠的样子，应该不会"摔倒"，不过……

"是不是很危险？"

"对，如果水珠或洗发液呛住了气管，可能会有危险。"

"那是不是也要有抽气机，把洗澡水抽走？"小明这下学会"举一反三"了。

"是的。最初航天员在洗澡时，为了避免发生危险，还要戴上呼吸罩和护目镜呢。"

哈哈！小明笑着想，这样子真是好古怪呀。

"那后来呢？"

"后来科学家们结合航天员的经验，改进了设计。现在

■　航天员在太空睡眠时经常会戴上眼罩

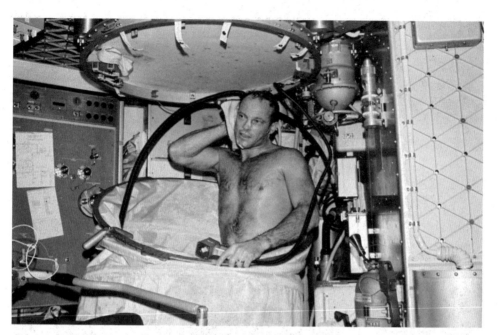

■ 天空实验室上的
航天员在封闭的容器
内洗澡

上面喷水,底下抽气,基本上和地面洗澡差不多了。"

"那太空中能理发吗?"

"可以,只是非常麻烦。"

"怎么做呢?"

"两个人要密切配合。被理发的人要手持吸尘器,每剪到一处,就用吸尘器吸走。整个过程时间会比较长。"

"这可真够麻烦的。"

"所以很多航天员都愿意留短发,这样洗头、洗澡都方便,也不会经常要理发。"

"要是飞船里面飘的东西多了怎么办?比如吃饭、理发、洗澡等,总会有东西吧?"

"是的。这些灰尘和残渣是不会落下来的。那就得进行大扫除了。"

"和家里一样吗?"

"差不多。主要用湿布擦,用吸尘器吸。如果脏东西比较多,还要戴上口罩、手套,穿上罩衣,防止进入呼吸道或引起感染。"

"要是舱里面有有害气体,怎么发现呢?"

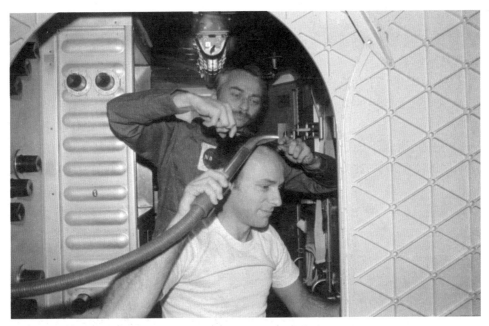

　　"国际空间站上有一个叫做'电子鼻'的装置，能'嗅'出氨、汞、甲醇、甲醛等有害化学物质，并报警。"

　　"不过一般舱内的空气总是新鲜的，因为空气过滤系统会不停工作，除掉舱内的异味和细菌。"

　　"对了，空间站为什么要有锻炼设施呢？"

　　"在太空容易发生肌肉萎缩和骨质疏松、心脏功能降低等问题，经过多年研究和实践，发现最有效的办法就是进行体育锻炼。"

　　"那在太空怎么锻炼呢？"

　　"最初用过拉力器、自行车装置，后来普遍采用了阻力对抗式设备和'太空跑步机'等健身器材。"

　　"跑步机？和地面一样吗？不会飞起来吗？"

　　"和地面的锻炼方式差不多。但为了避免飘走，会用弹力束带把人'拴住'。"

　　"这样能有效果？"

　　"实践证明，效果很好。"

　　"要锻炼多长时间呢？"

　　"一般航天员每天要锻炼2小时。"

天空实验室上的航天员在理发（剪刀+吸尘器）

"要是没有运动会怎么样?"

"大概两三天,再回到地面上的时候就站不住了。"

"这么严重?"小明有点吃惊。

"对了,太空里的东西不是没有重量吗?"

"是的,所以不能用那种靠重量锻炼肌肉的体育器材,比如哑铃。"

"那人在太空都是大力士喽。"小明好奇地问。

这时小明在屏幕上又看到一段女航天员摩根的教学视频,只见她伸手拎起身边2名"彪形大汉",一手一个,轻松地带着他们'飘'向空中。另一段视频显示的是航天员随手摆弄着一台几百千克的大型设备,在空中做出各种翻滚、旋转动作,"举重若轻"。还有的航天员施展"一指禅",毫不费力地把另一名航天员举起⋯⋯

看着这些,小明不禁想,要是我到

■ 太空"一指禅"

了太空，一定能轻松打破奥运会的举重世界纪录，成为一名"超级大力士"……

十、下一个目标：月球还是火星？

　　"作为一名游客，了解基本的太空生活常识就差不多了，更多的就是旅游前的集中训练了。"

　　小明点了点头，他已经对太空生活有了大致的了解。

　　"有一项活动，目前除了航天员，还没有其他人尝试过。"

　　"哦？是什么？"

　　"太空行走，又叫做出舱活动。"

　　"这个我在电影里见过。"

　　"出舱活动要经过气闸舱，并借助安全带、机动装置、机械臂等进行移动。"

　　"嗯。多教授提到过。"

　　"不过最关键的是一定要穿航天服，它是保护你的唯一

■　国际空间站上美国航天员的航天服

工具。"

"是提供氧气和正常的气压吧?"

"还要能隔热和防辐射,以抵御太空中严酷的高低温和宇宙粒子,同时提供通风、排汗等功能。"

"有点像太空舱。"

"是的。其实可以看作是一个微型的、临时性的太空舱,里面还有通信系统、摄像机、照明设备、生命保持系统等,结构复杂,最多的航天服一共有14层。"

"这么多层。"

"对。而且还要和MMU、安全带、舱外固定器、机械臂等完美匹配。"

"那一定很重,也很贵吧?"

"一般在100~120千克。费用上,中国的'飞天'航天服差不多3000万元一套,属于价格相对比较低的。"

"怪不得那些富翁都没有出舱,原来这么贵呀。"

"费用可能还不是主要问题,出舱的风险很高,要经过长期专业的训练才行。"

这倒是,小明想起电影《地心引力》里的女主角,因为只系了安全带,没有带机动装置,差点永远"迷失在太空"了。

"太空游客需要了解的最后一个环节是返回。"多多的声音似乎有些严肃。

"哦?!"

"这也是一个非常重要的环节。"多多强调。

"为什么?"小明觉得有点意外。

"因为返回所经历的环境异常严

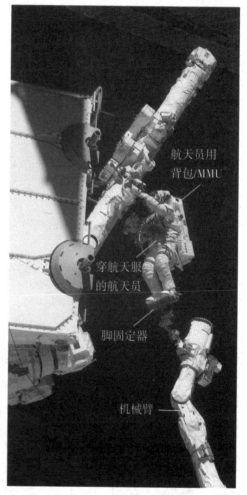

站在机械臂上的出舱航天员

航天员用背包/MMU

穿航天服的航天员

脚固定器

机械臂

酷,无论是对人,还是对飞船。"

"航天史上的很多事故都是发生在返回阶段,牺牲的航天员也最多。"多多补充道。

小明不禁心中一沉,认真地听着。

"要知道,经历了太空失重环境之后,人的承受能力会变弱,即使正常的重力也会感觉'重如千金'。"

这时屏幕上，一名意大利航天员讲述着：

"返回的过程远比发射还要'惊心动魄'……要以20多倍音速进入大气层……你会看到舱外因剧烈摩擦产生的熊熊火焰，这时外面温度高达几千度……仿佛穿行在'炼狱'之中，即使是钢筋铁骨，也会化为灰烬。"

另一名外国专家继续描述："飞船高速进入稠密大气层时，会产生巨大的冲击，仿佛飞机迎面撞上了高山……而在落地的瞬间，虽然降落伞已将落地速度降低了很多，但地面的'亲吻'仍然难以承受。"

这时，美国航天员肯出现在屏幕上，讲述了他的亲身经历："2003年5月，我们在太空工作6个月后，乘坐'联盟'TMA1飞船返回。飞船出现了故障，我们经受了8g的超重，飞船偏离了预定着陆地点450千米。"

"从返回舱爬出时，由于距离太远，与指挥中心联系不上。我们用手脚和膝盖，在大草原上爬了一个半小时，才取得联系，又过了1个小时，救援飞机才找到我们。"

听着航天员的讲述，小明猛然想起了一个成语，"失之毫厘，差之千里"，正是这一刻真实的写照。

"那太空旅游……安全吗？"想到从太空"回家之路"这么艰难，小明不免有点忧心忡忡了。

知识卡片：生命保持系统

人在太空是无法生存的，为此必须在太空营造人赖以生存的"环境"，这种维持载人航天器舱内大气环境、保障航天员安全、生活和工作的综合设施和设备就是生命保持系统。其主要作用是调温、调湿、调压、供氧、供水等，以及航天员的饮食、睡眠、休息、排泄等日常生活保障。

生命保持系统分为固定式和便携式2种。前者安装在座舱内，供航天员在舱内活动使用；后者与航天服集成在一起，供航天员太空行走时使用。

生命保持系统包括：供气调压系统，负责提供充足的氧气和氮气，并控制气压；气体成分控制与通风净化系统；温湿度控制系统；供水及处理系统，负责提供生活用水，并回收、处理废水；废物收集系统，负责收集、处理航天员的生理废物、生活废弃物等；航天服系统；食品管理系统，负责提供食品和餐具；控制管理系统，负责监测、分析和处理生命保持系统的性能和状态。为保证可靠性，各系统的一些关键组件都有备份。

"人类并不害怕困难,只要掌握了克服难关的诀窍,随着技术的不断进步和完善,像飞机那样往返太空,就可以期待了。"

多多的话,让小明紧张的心情缓和了下来。

"其实,载人航天的安全性还是非常高的。就像虽然你会经常听到飞机失事的新闻,但实际上,根据统计数字,飞机反而是最安全的交通工具。"

"在设计上,会尽可能采取备份措施,以保证可靠性。同时还有一些专门应对意外情况的措施。"

"哦?"

"比如发射前,一旦出现问题,航天员可以迅速打开舱门,从旁边的专用逃生口直接跳下去。"

"啊!火箭那么高,跳下去不会摔死吧?"小明担心地问。

"放心吧。航天员跳进去的是一条长长的尼龙口袋,用高弹力阻燃材料制作,直通地下的安全隐蔽室,底下有海绵软垫。航天员在里面用身体抵住口袋壁,就能控制下坠速度。"

"美国的方法是用吊篮,沿着钢索迅速滑到地面。"

这两个办法都挺好,小明心想,怪不得在成龙的电影里好像看到过,原来是用在这里呀。

"如果是火箭刚点火就发生故障了呢?"

"会实施紧急关机,并马上泄光燃料,杜绝爆炸隐患。"

"那如果已经起飞了呢?"

"那就让飞船迅速离开火箭。"

"嗯?"小明不太明白。

"最早用弹射座椅,就像飞机发生故障时那样。后来设计了'逃逸塔',可以在40千米高度以内,把飞船从火箭中快速'拉走'。"

这时,多多给小明播放了一段逃逸塔的工作动画。

"明白了。那要是已经飞到40千米以上,还有办法吗?"

"1975年4月5日,俄罗斯发射联盟飞船的时候,就发生过这种情况。"

"当时火箭第三级点火不久,在144千米高空,制导系统发生故障,火箭翻滚起来。"

"那怎么办?"

"指挥中心让火箭紧急关机,并直接启动了返回程序。"

原来还有这招,看来科学家们真是考虑得很周到。

"现在,飞船和空间站在太空飞行,不但有遍布全球的测控网,不间断地跟踪监控,出现故障还可以实施轨道维修和救援……"

听着多多的讲述,看着屏幕上的演示内容,小明终于放心了。

"对了,为什么说太空旅游至少有4种方式?还有一种是什么?"

"因为除了地球轨道的旅游外,将来随着技术的发展,人类一定可以探索其他行星并建造基地。到时候,就可以乘坐新式的飞船,去月球和火星,甚至

更远的宇宙目的地，进行'星际航行'，还可以坐'太空电梯'直接登上空间站……"

■　逃逸塔将"猎户座"飞船拉出火箭概念图

结束语

美好的一天，丰富的一天。

在小明的沉思和回味中，房间里的灯光亮起来。

"教授！丽丽阿姨！"

"你们都来了。"小明赶紧站起来，脸上依然洋溢着兴奋的表情。

这时大屏幕上不规则的开始出现一个个人的头像和名字，有著名的航天科学家，也有航天员英雄们，以及勇敢的太空游客，还有那些致力于商业太空探索的企业……齐奥尔科夫斯基、赫尔曼·奥伯特、冯·布劳恩、钱学森……尤里·加加林、捷列什科娃、尼姆·阿姆斯特朗、杨利伟……丹尼斯·蒂托、马克·沙特尔沃斯、阿奴什·安萨里……太空探索公司、波音、微软、亚马逊、谷歌、英特尔、阿里巴巴、百度……它们定格在屏幕的某处，成为布满黑色屏幕的亮点，就像点点繁星，照亮宇宙苍穹。

"教授，为什么开发太空旅游的，很多是做网络科技的呢？"

"因为他们有很多共同的特点，那就是勇于创新，敢于突破，并能一直坚持下去。"

接下来，教授的语气变得更加坚定而沉稳。"最重要的一点，是他们都有一样人类最可宝贵的东西——那就是'梦想'！"

"梦想。"小明不禁重复了一遍。

"对，有了梦想，人类才会勇于尝试，不怕失败，才能走向太空，登上月球，最终去探索遥远未知的世界。"

"就像'中国梦'！？"

"对。那是全体中华民族的梦想。只有有梦想的民族，才会奋发图强，拥有未来！"

"每个中国人都有实现自己梦想的机会！你的太空旅游梦，就是中国梦的一部分！"丽丽阿姨鼓励道。

小明激动地点着头，细细思索着话语的含义，内心久久不能平静……

"我们现在回家吧。"丽丽阿姨的话

■ 人类踏上月球的
第一个脚印

打断了小明的思绪。

　　"好吧……嗯?!"小明觉得有点奇怪。"你的声音!?"

　　"哈哈,想不通了吧?"多教授说。

　　"是的,不过……你的声音怎么也……"小明有点不知
所措。

　　这时多教授和丽丽阿姨都摘下了面具。

　　"爸爸!……妈妈!……原来是你们……"小明吃惊地望
着他们,张着大嘴,半天说不出话。这一刻,之前的很多疑惑
也终于解开了……

　　当太阳高悬在万里晴空,当繁星挂满了苍穹夜幕,那晶
莹的天体怎能不令人遐想。

■ 谜底揭开

当你乘坐高速列车在地面飞驰,或是搭乘跨洋飞机飞翔在高空,可曾抬起头,望向更高、更远的天穹,可曾想过会有一天,能坐上宇宙飞船,遨游太空……

太空旅游,也许这个在20年前还遥不可及的梦想,注定要在近期实现。现在的青少年,将有机会去体会超重、失重这些独特而奇妙的感受,并享受美妙的太空之旅。

神奇的宇宙将向你们敞开怀抱,等待你们的来临!

丰富的一天,美好的一天。